U0806556

青鸟新知

青鸟
新知

自然界的巨人

地 球 巨 型 生 物 进 化 论

〔英〕格雷姆·鲁克斯顿 — 著
魏 圆 — 译

江苏凤凰科学技术出版社 · 南京

图书在版编目（CIP）数据

自然界的巨人 : 地球巨型生物进化论 / （英）格雷姆•鲁克斯顿著 ; 魏圆译. -- 南京 : 江苏凤凰科学技术出版社, 2025. 3. -- ISBN 978-7-5713-4944-8

Ⅰ. Q111.2-49

中国国家版本馆CIP数据核字第2025QX6038号

自然界的巨人　地球巨型生物进化论

著　　者	〔英〕格雷姆·鲁克斯顿
译　　者	魏　圆
封面绘图	徐　洋
总 策 划	傅　梅
策　　划	陈卫春　王　岽
责任编辑	张　晶
责任设计编辑	蒋佳佳
责任校对	仲　敏
责任监制	刘　钧
出版发行	江苏凤凰科学技术出版社
出版社地址	南京市湖南路 1 号A楼，邮编：210009
编读信箱	skkjzx@163.com
照　　排	江苏凤凰制版有限公司
印　　刷	上海中华商务联合印刷有限公司
开　　本	710 mm×1 000 mm　1/16
印　　张	19
插　　页	4
字　　数	380 000
版　　次	2025 年 3 月第 1 版
印　　次	2025 年 3 月第 1 次印刷
标准书号	ISBN 978-7-5713-4944-8
定　　价	98.00 元

图书如有印装质量问题，可随时与我社印务部联系调换。联系电话：025-83240311

目录

CONTENTS

导读

体形至关重要

当你体验周围的世界时，体形的大小确实很重要：你不经意间跨过的水坑，会是生活在其中的成千上万只微型轮虫所了解的全部世界。体形影响着生命的方方面面，仅举几个例子：体形较大的生物寿命长，但繁衍后代的数量却少；相比一头重500千克的母牛来说，一群总重500千克的老鼠需要吃更多的食物、喝更多的水、呼吸更多的氧气。我们理所当然地认为，特定种类的生物有特定的体形，但为什么会这样呢？为什么没有大到可以把人类生吞的蜘蛛？为什么没有小到可以养在浴缸里的鲸？探究这些问题能够帮助我们更清晰地理解各种生物的运作方式。通过研究最大或最小的生物，能够使我们更加了解体形的潜在驱动因素。本书聚焦于巨型生物，不仅因对它们的研究比对小型生物的研究更加深入，更因这些庞然大物令人敬畏，也时常令人恐惧。

本书的编排方式

本书共分为九章。大部分的内容聚焦于特定的现存和已灭绝的巨型生物，并在第二章至第九章中对它们进行了粗略的分类。如果你特别喜欢的某种恐龙只是一笔带过，或者根本没有提及，那么我在此向你道歉。因篇幅有限，必须做出一些艰难的抉择。正如我们将在第二章中看到的，大多数恐龙的体形要么很大，要么非常大，已被命名的就有700多个类别，我完全可以整本书只写各类恐龙。相反，我只选择了少数几种真正大型的恐龙，这样我们就可以同时研究其他动植物类群中的巨人了。

第一章略有不同，因为它是唯一没有关注特定物种的章节，而是概述了在全书中会遇到的一些一般性概念。因此，当影响不同种类巨型生物的相似事项出现时，可以避免重复。

我在本书的最后解释了为什么大多数生物的体形都不是巨大的，以及为什么人类能够以任何巨型生物都无法企及的程度主宰世界。

第一章　大体形生物

本书的每一章都涉及一个不同大类的生物，有些普遍性原理贯穿全书。如果我们先介绍这些原理，那么会让全书更加清晰易懂。其中有些概念会带你重温几何学和物理学中一些非常简单的理论，你可能还记得上学时曾学过这些知识。我们还将探讨有关进化和种群如何适应周围环境的理论，以及用生态学观点解释不同生物种群是如何组合并形成一个生态系统的。

体积、表面积、质量与新陈代谢

试想一下，将一种动物的体形成比例放大，其他各方面都保持不变。这种动物的新陈代谢和表面积都随着体形的增大而增加，但关键在于它们的增速不同。这对于大体形动物有巨大的影响。因此，我们需要花点时间更仔细地研究这一现象。

一些简单的缩放

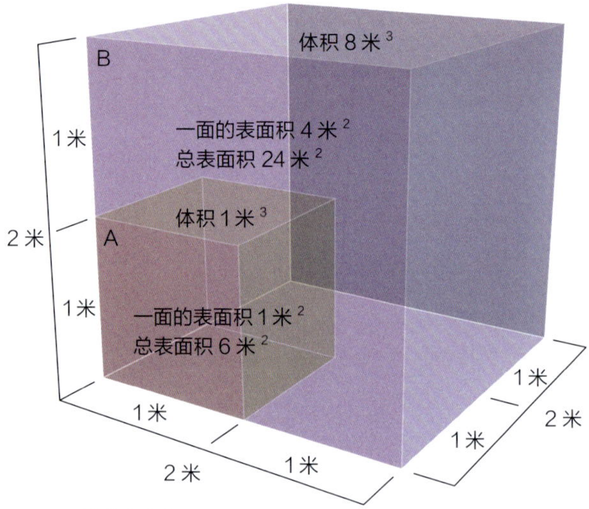

^ 两个立方体。

想象有两个立方体如右图所示：立方体A的边长为1米，立方体B的边长是A的2倍，即2米。用立方体A的长乘以它的宽再乘以它的高，可计算出A的体积（即1米 × 1米 × 1米 = 1米^3）。立方体A每个面的表面积为1米^2。它有6个相同的面，立方体A的表面积为6米^2。由此可以算出立方体B的体积为8米^3，表面积为24米^2。因此，当我们将立方体的边长增加1倍（从A增加至B）时，其体积是原来的8倍。如果两个立方体由相同材料制成，那么按照质量与体积成正比的原理，立方体B的质量也是原来的8倍。相比之下，表面积只是原来的4倍。也就是说，表面积和质量都随体积的增大而增加，质量成比例增加的速度快于表面积增加的速度。这不仅适用于立方体。如果将一个球体的直径增加1倍，那么其质量变成原来的8倍，而表面积仅是原来的4倍。实际上，这一原理可应用于各种形状。这一点为什么很重要呢？

与其谈论立方体与球体，不如来想象一只鸟。同立方体一样，如果我们将鸟的体形放大1倍，那么它的体重将是原来的8倍，而它的表面积仅是原来的4倍。飞行中的鸟需要用翅膀产生的升力来克服自身受到的重力。鸟受到的重力与鸟的体重成正比，当一只鸟从鼻子到尾部的体长增加1倍时，鸟受到的重力是原来的8倍。鸟的翅膀产生的向上升力的大小取决于它向下挥动双翅的力度以及翅膀的表面积。基于上述简单的缩放比，当鸟的体长增加1倍时，其翅膀表面积是原来的4倍。如果体形增大后鸟挥动翅膀的力度与体形较小时一致，那么鸟将像石头一样掉落下来，因此它必须使用更多的肌肉力量，用2倍的力度拍打翅膀。

由此可得，鸟的体形越大，越需要付出更多的努力以保持飞行状态，直到最终达到一个体形上限。这种鸟类可以达到并仍能飞行的体形上限，正是基于表面积和质量随体积增大而呈不同比例增加的原理。

肌肉力量衰减

实际上，大型鸟的情况更糟。试想小型鸟和大型鸟的解剖结构是相同的，它们体积的40%都是用于挥动翅膀的飞行肌肉。你也许有理由认为，如果大型鸟肌肉的体积是小型鸟的8倍，那么大型鸟能够产生8倍的力量来拍打翅膀，但情况并没有那么乐观。

^ 蜂鸟食用富含糖分的花蜜，这种热量很高的食物可以提供飞行所需的能量。

^ 海鸟经常需要长途飞行，为了节约能量，它们尽可能地利用风力。

^ 大型鸟类一般不太灵活，然而白头海雕能够用爪子准确地抓到海里的鱼。

肌肉产生力量的效率随肌肉尺寸的增加而下降，因此，虽然大型鸟肌肉的体积是小型鸟的8倍，但是大型鸟从肌肉中获得的力量却小于小型鸟从肌肉中获得力量的8倍。这一问题又与表面积有关。肌肉通过收缩肌纤维产生力量，随着肌肉变大，肌纤维也变大，从而能够存储并释放更多力量。然而肌纤维释放的力量与其总体积不成正比，而是与它的横截面积成正比。如上所述，表面积的增加速度比体积的增长速度慢。因此，8倍体积的肌肉释放的力量不足原体积肌肉释放力量的8倍。这解释了为什么我拿着只有我体重三分之一重的包裹时气喘吁吁，而一只蚂蚁却可以十分自如地搬运10倍于其体重的物体走很远的路。

新陈代谢

我的体重是80千克，我吃得很多！更夸张一点，假如我养了2000只宠物仓鼠，它们的体重加起来和我的体重一样，但它们吃得比我多很多，大概是我的食量的6~7倍。这是一个普遍的趋势：较大的动物比较小的动物需要吃更多的东西，但它们的食量随体重增加而增长的速度低于体重的增速。这是因为新陈代谢率随体重增加而增长的速度慢于体重的增速。

∨ 切叶蚁像农夫，它们在巢里用植物培育一种真菌，然后边养边食用。

∨ 这个苹果核比搬运它的蚂蚁要重很多，但与同类合作，蚂蚁甚至可以将比自己重很多倍的啮齿动物运回巢穴食用。

你的新陈代谢是你在所有活动中消耗的能量。用我现在的新陈代谢举例，我坐着打字时新陈代谢率大概是200瓦；睡着时新陈代谢率降至100瓦；在健身房锻炼时新陈代谢率可能升至1000瓦（这只是吹风机耗能速度的一半）。如果我们测量一系列动物的体重和新陈代谢情况，并将其做成图表，那么我们会发现较大的动物确实有较高的新陈代谢，一般来说，新陈代谢的变化是其体重变化的0.75次方。我不想赘述具体的算法，最重要的是0.75是正数，这意味着新陈代谢随体重增加而增长，但系数小于1，则说明其增长速度比体重的增加速度慢。

这对体形较大的动物来说是个好消息，因为这意味着虽然它们确实需要找很多东西吃，但并没有所预想的那么多。更好的消息是，当食物量不足时，动物以体内储存的脂肪作为新陈代谢的能量。随着动物体形的增大，它们的脂肪储备会随着体重的增加而成比例上涨（例如，无论体形多大，脂肪储备都占其体重的20%），但新陈代谢率（即脂肪储备用尽的速度）增长的速度比体重增加的速度慢。因此，较大的动物依靠它们的脂肪储备能存活更久。一头蓝鲸可以在夏天充分进食，然后靠这些脂肪储备度过整个冬天；而鼩鼱则不得不每天外出寻找食物，不管外面下了多大的雪。

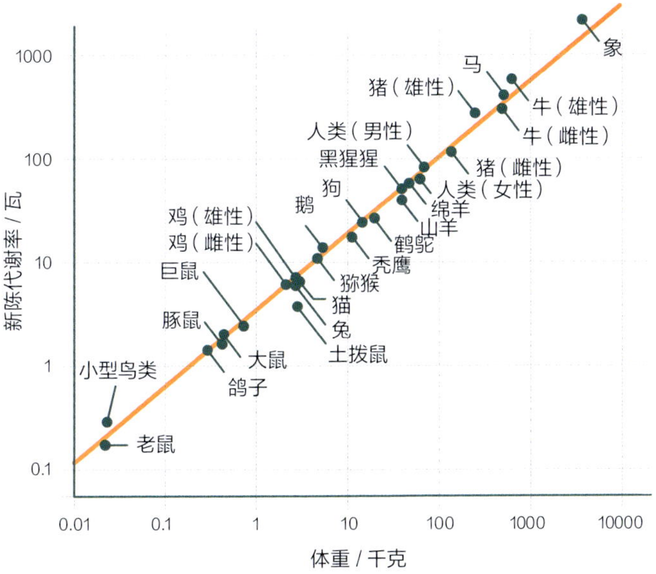

< 新陈代谢率随着体重的增加而增长，但增速小于体重的增速（大约是体重增速的 0.75 次方）。因此如果一头牛的体重是山羊的 10 倍，那么预计牛的新陈代谢率大约是山羊的 6 倍。

^ 大象喜欢用水来保持凉爽。

新陈代谢与表面积

正如我们所看到的，新陈代谢率与表面积都随着体重的增加而增加，但两者的增速都比体重的增速慢。更重要的是，新陈代谢率的增速比表面积的增速稍快。这会产生很大的影响。为了说明这一原理，请记住动物吸收氧气的速度随其肺部表面积的增大而增加，动物通过进食来吸收能量的速度也随其消化系统表面积的增大而增加。因此，如果我们增大动物的体形，其他保持不变，那么它们将难以生存，因为它们的新陈代谢（需要氧气和食物）的增速将超过它们吸收氧气和进食的速度。这就是为什么鹿的内脏并不像成比例放大的鼠那样简单。随着动物体形变大，它们需要更高效地呼吸和消化。

当我坐在这里打字时，我的身体以大约200瓦的速率消耗能量，其中一部分能量被很好地利用起来（例如，让手指在键盘上移动，消化我的午餐以及制造新的血细胞），然而约90%的能量作为热能流失了。部分能量用于将我的体温保持在36.7℃左右，其他大部分都只是释放到了周围环境中。事实证明，如果我站起来，那么我所坐的椅子坐垫还是温热的。前面讨论过表面积与体积的关系，从中可以明显得出，保温对于小型生物来说很难，同样的，避免过热对于大型生物来说也不简单，因为随着体重的增加，新陈代谢率增速比表面积的增速快。正因如此，大象有巨大的耳朵，它们扇动耳朵来散热。

> 运动时通过出汗降温，但必须补充流失的水分。

一些物理学知识

我们需要研究一些物理学的基本概念，以帮助我们理解自然界的一些趋势，这些趋势时常在本书中出现。学校通常分别教授物理、化学和生物学课程，但要完全理解生物学，你确实需要对其他学科也略知一二。在本书讨论的问题中，我避免了化学知识，但我们确实需要知道一些物理学知识。

为什么大象不会跑?

我们在本章的前面讨论过,飞行中的鸟需要用翅膀产生的升力来抵消重力。地球上的所有物体都会受到重力。例如，当我站起来时，身体受到的重力正把我往下拉，我的双腿足够强壮，抵抗住了重力。不过，有时你会发现举重运动员在额外施加的巨大压力下会双腿发软。一般举重运动员的腿比我的腿粗，这对他们很有帮助，因为承压能力的增加与横截面积有关。我相信大家都知道我要说什么:体形较大的动物腿部承受的压力大于体形较小的动物，因为随着体形增大，体重的增速要快于腿部横截面积的增速。

因此，大象会尽可能保持腿部伸直，以减少腿部的负担。大象不能跑也是出于同样的原因，它们可以快速行走，但是在行走时，始终保持至少有一只脚接触地面。

为了减轻腿部的负担，大象会快速行走而不会跑。但它们发起进攻时的速度快得惊人，比人类跑到安全地带的速度还要快。

为什么鲸如此巨大？

我们用几种方式讨论了对抗重力对大型动物是一个挑战。但有一种能够大幅减小重力带来影响的方法——游泳。你会注意到，水能支撑你的身体，使你浮在水面上，尤其是当你使肺部吸入尽可能多的空气时。物体浸入液体时，物体自身所需要对抗的重力取决于该物体的密度与周围液体的密度之比。人体的密度是空气密度的数百倍，但人体的密度与水的密度非常接近。这并不奇怪，因为人体大部分是由水构成的。也就是说，在陆地上出现的重力问题，在水中就不是大问题了。因此，蓝鲸作为有史以来最大的动物，生活在海洋里也就不足为奇了。

长腿与长颈

体形大通常能提高运动速度。例如，我女儿五岁的时候，我跑得比她要快得多，因为我的腿比她的腿长很多，所以我的每一步都能跨过更长的距离。通常认为，运动效率会随着体形的增大而提高。因此，我走1千米路所需的能量比一群总重为80千克的仓鼠走同样距离所需的能量要少。

不过，我认为支撑这一论点的论据并不充分。尽管有些书里会认为“运输成本”是大体形的一个优势，但在此处却并不成立。

我们来体验物理学的一个概念，双手提起一个沉重的行李箱（或任何非常重的物品），双臂弯曲，让行李箱贴近你的胸部。接下来，将双臂伸向前方，让行李箱离你更远。你会发现，当你伸出双臂时，感觉行李箱更重且更难拿住。通过伸展双臂，你有效地增加了作用在行李箱上的重力到固定支点（即你的肩膀）的距离。换句话说，你增加了杠杆阻力臂的长度，从而使阻力矩增加。此处的关键信息是把重物举得离身体很远会很辛苦。因此，大象和犀牛的颈部短头部重，而像骆驼和马这类长颈动物则有强壮的肌腱和大量的肌肉来支撑头部。这一概念在下一章中很重要，我们将研究一些恐龙长长的颈部。

∨ 骆驼的长腿有助于长途跋涉，但也需要长颈才能够到地面的草和水。

一些生态“法则”

到目前为止，我们已经讨论了生物体的发展趋势，也就是生物的体形是如何影响它们与周围世界相互作用的。在此，我们将补充介绍几点关于几种动物是如何与其他类型的动物进行互动的。

∨ 兔子仅将一小部分进食所获的能量用于生长和繁殖，大部分进食所获的能量用于日常的新陈代谢。

大体形动物相对较少

相比体形较小的动物，体形较大的动物生活在种群密度较低的环境，这是一种普遍现象；另一种普遍现象是，捕食者比它们的猎物生活在种群密度更低的环境。第一种普遍现象很好理解。想象一下，有一片面积大概为足球场那么大的草地，你可以在这片草地上饲养多少头驴呢？换句话说，草地上生长的青草能供给多少头驴食用呢？根据天气和土质的情况，答案大概在2~8头之间，我们取中间值就是5头。现在你不想养驴而想养兔子，草地上的草可能足够饲养50只兔子，或者你想要养仓鼠，草地上的草足够饲养500只仓鼠。从本章前面讲述的内容中，我们可以了解原因：像驴这种体形较大的动物比兔子或仓鼠的新陈代谢水平更高，因此驴需要更大面积的草场来养活自己。

池塘中大小不一的鱼或土地里的植物也是同理。体形较大的生物需要更大的生存空间，也就是说，它们生活在种群密度较低的环境。由于生物的生存空间是有限的（例如，草地之于仓鼠或池塘之于鱼），这往往意味着体形较大动物的种群数量较少，这也是非洲的白蚁数量远比大象多的原因。

^ 一般来说，猫头鹰需要一块很大的领地才能捕捉到足够多的啮齿动物，从而为它们高水平的新陈代谢提供能量。

食物链效率低下

试想我们的草地上饲养着500只仓鼠，那么这些仓鼠能养活多少只猫头鹰呢？也许仅够一只小猫头鹰勉强过活。这就引出了第二个普遍现象：捕食者通常比猎物稀少得多。原因在于，能量向食物链上游移动时会流失。仓鼠将进食的能量转化为新生命的效率很低，因为它们从进食的青草中获取的大部分能量都在新陈代谢中消耗，并作为热量散发出去，仅将一小部分能量用于生长和繁殖。

猫头鹰把进食的能量转化为新生命的效率同样很低，这就是为什么它们处于食物链的顶端。如果有种动物以猫头鹰为食，那么它需要非常广阔的活动范围，并且要独占这块领地，才能捕食到足够养活自己的猫头鹰。因此，一种动物在食物链中所处的位置越高，它就越稀有。

由于捕食者的体形往往比它们的猎物要大，上述两种现象常常同时存在，因此大体形的动物的确罕见。这就意味着，如果晚上到森林中散步，那么你更有可能碰到一只兔子或一只鹿，而不是一只狼或是一头熊。

反常的岛屿

与一片大陆相比，同等大小的偏远岛屿上生存着更少的物种，因为生物很难跨越海洋到那里安家。这意味着岛屿上的动物种群所面临的竞争和被捕食的风险较低。反过来，这往往导致岛屿上的动物种群进化成不同于大陆种群的体形。

昆虫和啮齿类动物体形小，但在岛屿上往往体形大得出奇；而大象和犀牛这类体形大的动物，在岛屿上（假设存在的话）体形却相对较小。大陆上的昆虫和啮齿动物体形较小，部分是因为在被追捕时能够挤进洞穴逃跑，但如果岛屿上仅有少数或完全没有捕食者，那么它们就无须受限于这种压力，从而长得更大。同样，由于不需要靠体形来抵御捕食者，大体形动物也就不需要长到那么大。

∨ 夏威夷群岛缺少蜘蛛，这为捕捉昆虫的生物留下了生态位；毛毛虫本是严格的素食主义者，它们在进化后填补了这一空白。

第二章　恐龙

一提到巨型动物，人们很可能立刻就想到恐龙。这是完全有道理的。有史以来，陆地上最大的动物是食草恐龙，它们也是本章第一部分的焦点。史上徜徉于陆地的最大食肉动物也是恐龙，我们在本章的结尾将仔细研究这些可怕的野兽。在此过程中，我们还将停下来思考为什么体形巨大对于恐龙不是偶然，而是这一古老爬行动物群体的独有特点。

史上最大的陆生动物——蜥脚类恐龙

在一本讲述巨人的书中，我们或许应该从史上最大的陆生动物——蜥脚类恐龙说起。距今2.1亿~6600万年的这段时期，它们广泛分布于世界各地。无论身在何处，蜥脚类恐龙都是其栖息地上最大的动物。尽管恐龙有相似的身体结构——长颈、长尾、柱状腿形、四肢站立，但蜥脚类恐龙有不同类别，其体形各不相同，甚至生活方式也有细微的差别。

令人震惊的蜥脚类恐龙

大型蜥脚类恐龙不只有一种，它们是一个庞大的群体，通常都有着巨大的体形。一些常见的蜥脚类恐龙重达30~40吨，有些可能重达70~90吨。我们将在本章中看到，恐龙作为一个群体，其体形异常巨大，少数非蜥脚类恐龙的体形同样异常巨大。例如，有些三角龙可能重达13吨，有些鸭嘴龙（如：巨保罗龙和巨型山东龙）也能达到或略微超过这个体重，这是最大的陆生哺乳动物的体重（见第三章）。然而，就体形而言，蜥脚类恐龙确实是无与伦比的。

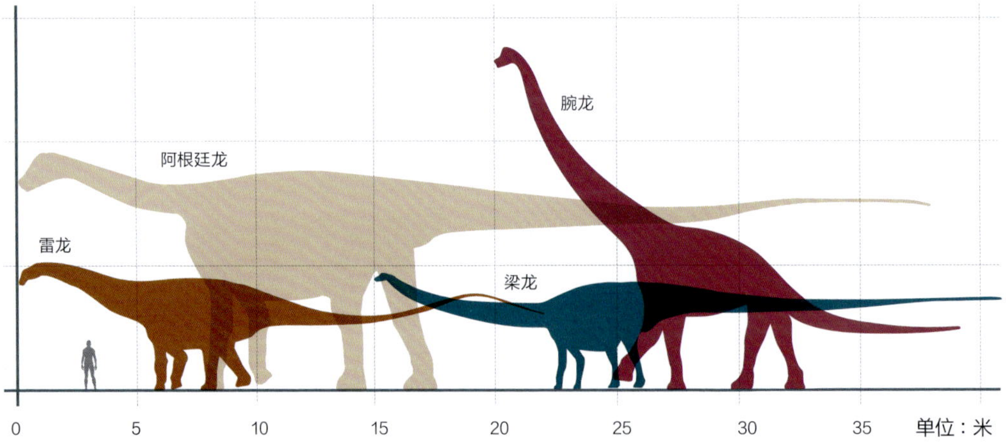

^ 阿根廷龙（*Argentinosaurus*）
体形：体重约100吨；体长约40米。
阿根廷龙是最大的蜥脚类恐龙，因此也是史上最大的陆生动物。目前尚未发现完整的阿根廷龙骨骼，因此无法确定它们体形的确切大小。

^ 高胸腕龙的体长为 26 米，体重为 55 吨，虽然体形庞大，但以蜥脚类恐龙的标准来看，还算不上巨型。与阿根廷龙不同，高胸腕龙几近完整的骨骼已被发现，因此我们可以更准确地估算它们的体形大小。就高胸腕龙的体形来说，它们超长的颈部长达 9 米，是长颈鹿颈长的 3 倍。许多科学家认为，长颈能让它们在高处的树中觅食。

高胸腕龙（*Brachiosaurus altithorax*）是被研究最多的腕龙科属物种，一般认为它们体长约26米，完全长成后的体重约55吨。卡内基梁龙与高胸腕龙的体长非常相似，但是体形较小，脖子和尾巴都很长，体重大概“仅有”12吨。

秀丽雷龙（*Brontosaurus excelsus*）长约22米，重约25吨。现在有些科学家认为应该将雷龙移至迷惑龙属，但那是另一回事了。

然而，真正巨人的名字却鲜为人知。泰坦龙是存活到最后的一类蜥脚类恐龙，它们包含许多属的物种（其中包括巴塔哥巨龙、阿根廷龙、阿拉摩龙及普尔塔龙）。人们认为泰坦龙长约37米，重约70吨。科学家有大量关于梅氏巴塔哥巨龙（*Patagotitan mayorum*）的化石证据，虽然这些化石证据都是最近才发现的，还有待进行全面的调查，但我们越来越有把握地认为，该物种的成年恐龙重约70吨。所有这些巨型恐龙都是最近才被发掘出来的，希望未来还有更多令人兴奋的发现。

有人声称还有体形更大的蜥脚类恐龙，但这一说法有待严格的考证。其中值得注意的是巨体龙属（*Bruhathkayosaurus*），其唯一已知的物种马氏巨体龙（*B. matleyi*）估计重达80~100吨。你可能还听说过重达120吨的双腔龙（*Amphicoelias*），不过该物种的化石证据都已丢失。科学家们不愿仅凭草图和野外记录就判定双腔龙是史上最大的陆生动物，这是可以理解的。

一则警示故事

你可能会读到这样的报道：波塞冬龙是最高的蜥脚类恐龙，它可将头部伸到距地面约18米，约6层楼的高度。这很可能是真的，但这是假定它与已经发现的更完整骨骼的类似物种是一样的，并根据已发现的四块颈骨按比例估算出来的。然而，仅凭四块颈骨很难决定哪些物种最适合用于比较研究，更不可能知道比较的准确程度（例如，物种的形状有多相似）。因此，需要谨记的是，我们关于已灭绝动物的许多想法多是有根据的猜测，并且往往缺乏确凿的证据。

顺便提一下，这四块颈骨是在1994年被发现的，但最初被认为是化石树干的一部分，由此可知它们有多粗。人们对这些颈骨毫无兴趣，将它们放在了仓库里。直到5年后，负责该项目的科学家建议他的一位学生仔细研究一下“树干”，它们的真正意义才显露出来。

体形大的优势

大体形能带来很多好处。随着动物体形变大，能够制服并杀死它们的捕食者会越来越少，即使是有能力的捕食者也会觉得冒着自己受伤的风险是不值得的。如今，几乎没有食肉动物会试图捕杀成年雄性非洲草原象，只有非洲狮敢对这些“大块头”下手，但这种情况极为罕见。

大体形动物有很多进食方面的优势，尤其是它们能够获取很多小体形动物获取不到的食物。例如，长颈鹿可以啃食树上高处的新叶，大象只需用它们巨大的身躯将树撞倒，就可吃到树顶的枝叶，而多数小体形的动物却无法获取高处的树叶。拥有庞大的身躯还意味着内脏器官有很大的空间，从而能让动物用很长的时间慢慢消化大量营养含量较低的食物。当食物和水在空间上受到限制时，大体形动物可以利用自己的体形将竞争的动物强行挤走。例如，有一只小动物正在水边饮水，

^ 上图：大象利用其身高从高处觅食。
下图：大象利用其身体将果实从树枝上晃动下来，甚至将整棵树连根拔起。

一头大象走了过来，不管小动物有多渴都会给大象让路。

大体形还能在恶劣环境中提供缓冲。骆驼可以在烈日下走一整天，因为它们体内核心的温度需要很长时间才会升至危险水平，在同样的环境中，小型啮齿动物只需走出洞穴几分钟就会变得过热。本书第一章中概述了新陈代谢率的增长速度慢于体形的增长速度，这意味着体形较大的动物通常可以在不进食的情况下坚持得更久，这能帮助它们熬过恶劣的天气。大体形动物的步幅更长，使得远距离行走更容易，同时也更有利于躲避危险。

上述优势意味着，与同一物种的其他动物相比，体形较大的动物作为潜在配偶更具吸引力。因此，至少在一种性别中，自然选择让这些动物成为大体形可能是由于生殖因素。在雄性通过身体竞争获取与雌性交配权的物种中尤其如此。既然体形大有如此多优势，你就会想，为什么会有这么多体形小的动物呢？很明显，优势之外肯定也要付出真正的代价。

体形大的代价

体形大是有代价的，尤其是生理上的代价。例如，蜥脚类恐龙要消耗大量的能量，关节要承受很大的压力才能直立。它们不大可能奔跑，因为奔跑时它们的脚会承受巨大的压力。它们很可能要避免在陡坡和松软或湿滑的地面上行走，因为如果它们庞大的身躯坠落到地面上，那么会给身体造成相当大的伤害。显然，它们还需要一颗巨大的心脏来为如此庞大的身体泵血。所有这些因素加在一起，导致了大体形动物对食物的巨大需求。像蜥脚类恐龙这样的庞然大物需要一大块领地才能满足它们的进食需求。关于蜥脚类恐龙最让人惊讶的一点是，保留下来的恐龙足迹表明它们是群居动物。这样一个群体需要大量的食物，因此，前面所述大体形动物的觅食优势一定会让这些食草动物受益。

体形大的另一个代价是种群的问题而非个体的问题。动物体形越大，它们从出生到繁殖后代的时间越久。而且动物体形越大，一定面积的栖息地所能供养的个体数量越少。综合来讲，这意味着体形较大的动物面临着更大的种群灭绝的风险。也就是说，种群越小，越有可能承受不住偶然的厄运事件。而传代时间越长，在遭受下一次打击之前，种群从这种事故中恢复的速度就越慢。如果一个极寒的冬季，一个地区90%的啮齿动物死亡，那么它们的数量可以在不到12个月的时间内反弹回来；然而，对于蜥脚类恐龙这种大体形的动物来说，它们的数量可能需要一个世纪才能恢复，而且在此期间很容易出现其他的阻碍。

‹ 蜥脚类恐龙在6600万年前的海滩（在地质作用下，已经变成了垂直角度）上留下的脚印，注意观察，恐龙的双脚是如何紧密地并拢在身体下方的，与鳄鱼等爬行动物四肢呈张开状行走不同，所有恐龙都把腿放在身体下方。

蜥脚类恐龙生物学

我们应该花一点时间思考蜥脚类恐龙为什么会长这么大。也就是说，我们应该思考大体形动物的优势是什么？存在哪些必须克服的挑战？什么样的环境能够让这个群体长得比其他动物更大？我们会发现，这些巨兽必不可少的身体构造是长颈末端一个相当小的头部，想想有关蜥脚类恐龙究竟如何运用这些身体特征的争议。

以颈取胜

长颈是蜥脚类恐龙不可或缺的一部分。腿长的动物需要长颈才能将头伸到地面来进食和饮水，就像马和骆驼那样，但蜥脚类恐龙把这一点发挥到了极致。

它们长长的颈部有两个优势，一个明显的优势是能够吃到树梢的叶子，而大部分陆生食草动物是够不到树梢的。长颈带来的另一个优势是可以在较低的地方拥有很宽的取食范围。拥有长颈的动物可以沿着一条很长的弧线移动头部，能在一个固定的位置上吃到很多东西，从而通过减少庞大身体的移动频率来降低进食成本。在科学文献中有很多关于哪种优势更重要的激烈讨论。然而，答案可能是，每个优势的相对重要性因物种而异：有些蜥脚类恐龙可能无法将颈部抬到很高，而有些则可能无法将颈部向两侧摆动。

长颈动物要面临的一个问题是，在如此长的“杠杆”末端只能承受一个小头的质量。因此，蜥脚类恐龙头部很小，只有少量牙齿或没有牙齿，这意味着它们无法咀嚼

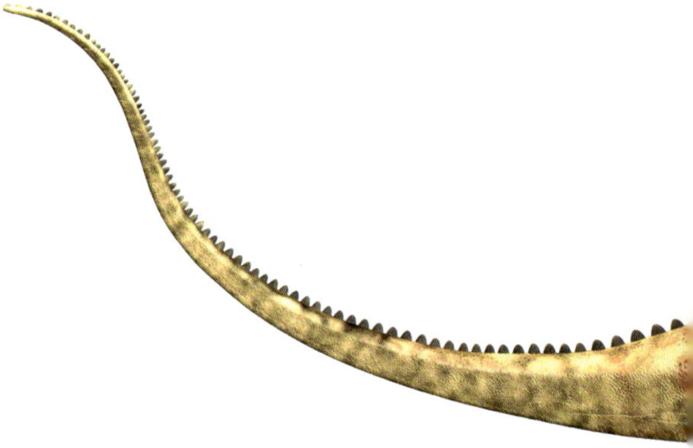

^ 乌贝拉巴巨龙（*Uberabatitan*）是一种泰坦龙，而泰坦龙是存活到最后的蜥脚类恐龙，这一谱系中包含一些体形最大的物种。

^ 长颈鹿利用自己的长腿和长颈够到那些其他食草动物无法触及的树叶；一些蜥脚类恐龙也能做到。

食物，只能将食物整个吞下。正如上文中讨论的，它们庞大的身躯可将食物在巨大的消化系统中进行长期化学加工，来弥补无法在口腔中对食物进行物理加工的缺陷。

恐龙与鸟类亲缘关系密切，而鸟类的呼吸方式比人类更高效。蜥脚类恐龙很可能与鸟类有着类似的呼吸系统，这有助于它们通过长颈进行呼吸，并通过吸入大量的空气来保持颈部的轻盈，此外，通过呼气排出的热量能让身体保持凉爽。

超大型蜥脚类恐龙

为什么蜥脚类恐龙比其他陆生动物的体形都大呢？正如上文中强调的，蜥脚类

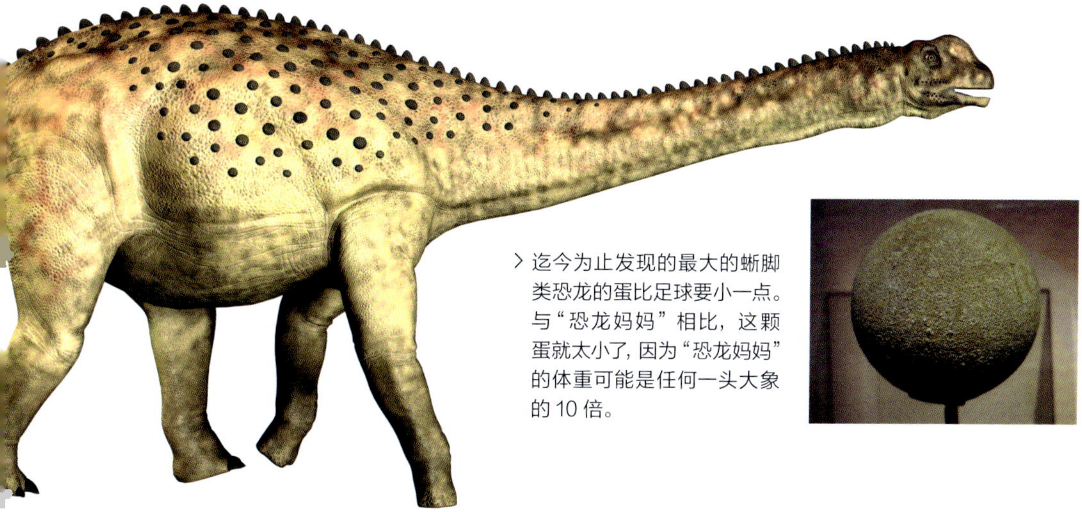

> 迄今为止发现的最大的蜥脚类恐龙的蛋比足球要小一点。与“恐龙妈妈”相比，这颗蛋就太小了，因为“恐龙妈妈”的体重可能是任何一头大象的10倍。

恐龙的长颈是这类食草动物能够拥有巨大体形的关键，而与鸟类类似的呼吸系统是让长颈正常运作的重点。体形较大的动物呼吸频率较低，但长颈鹿的呼吸频率比预期要高，因为空气从鼻腔进入肺部需要很长一段距离。与鸟类类似的呼吸系统能够帮助蜥脚类恐龙克服这种长距离传输空气的困难。相比来说，蜥脚类恐龙的体形使得食物能够在其巨大的消化系统中进行长期化学加工，以弥补无法咀嚼的缺陷；其他拥有大型齿系的食草恐龙能在吞咽前彻底咀嚼并磨碎食物，因此也就不需要那么大的体形。

哺乳动物产下的是幼崽，蜥脚类恐龙产下的是蛋，而且是非常小的蛋。实际上，巨型蜥脚类恐龙产下的蛋长约15厘米，重约1.5千克，比鸵鸟蛋大不了多少。一只雌性蜥脚类恐龙一生中很可能会产下数百甚至数千枚恐龙蛋。

相比之下，大象和鲸一次只产下一头幼崽，在抚养幼崽很多年后再进行另一次繁殖。如果一头大象在一生中能够繁育五头以上后代，这在生殖方面就已经非常出色了。大部分蜥脚类恐龙的蛋和孵化的幼崽在达到可以繁殖的年龄前就已经死亡。当然，单只恐龙产蛋的数量之多，会使种群在遇到困境时比哺乳动物种群具有更快的复原能力。

关于恐龙的新陈代谢率有很多讨论，尤其是恐龙的新陈代谢率是否如同哺乳动物和鸟类那样高，还是像现存的两栖类和爬行类动物那样低。这个问题的答案尚不明确，而且可能相当复杂。不同的恐龙可能有不同的新陈代谢率，大概介于鸟类与爬行类动物之间，并且可能在个体的一生中都会发生变化。

然而，越来越多的证据表明，至少有一些恐龙的新陈代谢率比根据现存爬行动物推断的恐龙的新陈代谢率要高。我的猜测是，至少幼年蜥脚类恐龙的新陈代谢率是高的，这能让它们在任何天气下十分频繁地进食。这样一来，它们就能达到惊人的生长速度，在20年左右的时间里从500克重的幼龙长到30吨重的成年恐龙。新陈代谢率的提高有助于解释为什么恐龙比之前任何爬行动物的体形都大。

一个庞大的群体

在恐龙这个群体中，不仅仅是蜥脚类恐龙体形庞大，大多数恐龙都是大块头。相反，现存的大部分动物体形都较小，在此我说的不只是昆虫，还有哺乳动物。我们将在下一章看到，有一些非常巨大的陆生哺乳动物，并且这些巨兽极不寻常。蝙蝠和啮齿类动物加在一起占了哺乳动物物种的一半以上，它们大多数体形都很小，体重不到 25 克。现在，我们来看看，在已知物种中恐龙和现存动物在体形分布上有何不同。

体形小是普遍现象

英国伦敦玛丽女王大学的约恩·奥戈曼（Eoin O'Gorman）和戴维·霍恩（David Hone）在2012年进行了一项研究，他们费力地收集到现存每种脊椎动物个体的最大体重纪录。他们发现，在鱼类、两栖类、爬行类和哺乳类动物中，许

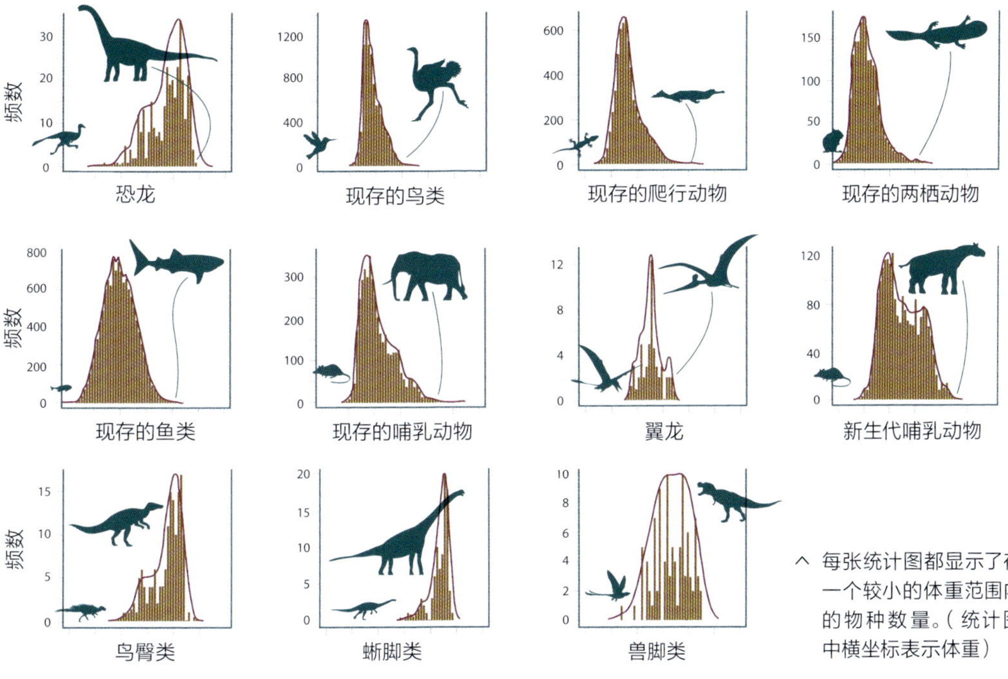

^ 每张统计图都显示了在一个较小的体重范围内的物种数量。（统计图中横坐标表示体重）

多物种的体形都比较小，仅有少数物种的体形较大。这并不令人意外，我们之前论证过，体形较大的物种会面临更大的灭绝风险。

与大体形动物不同，小体形动物可以利用生存环境中的每一个角落，因此它们有更多的可用空间。大环境也可以在不同的共存物种之间划分成更多的生态位。因此，奥戈曼和霍恩的发现是完全有道理的。当他们对恐龙进行同样的研究时，却发现结果相反，即大多数恐龙是大体形的，只有少数是小体形的。

化石偏好？

导致这种结果的原因之一可能是小体形动物石化的效果不如大体形动物好，随着时间的推移更容易在地下碎裂，或者更容易被化石勘探者忽视。也就是说，我们所了解的恐龙分布情况可能是实际存在过的物种的一个偏差样本。分布的差异与恐龙生物学无关，而与寻找化石的方法有关。为了验证这个论点，奥戈曼与霍恩研究了仅从化石中了解到的两个类群的分布情况：翼龙（见第五章）和已灭绝的新生代哺乳动物。研究数据显示，它们的分布介于现存物种与恐龙之间。这表明，小体形动物带来的偏差是其中一部分原因，但并非全部。恐龙有一些不寻常之处，导致了大多数恐龙体形巨大。

主要恐龙类群

奥戈曼和霍恩在研究中将恐龙分为三大类群：蜥脚类恐龙；鸟臀类恐龙（如三角龙），与蜥脚类恐龙一样是食草动物，通常体形很大，超过三分之一的鸟臀类恐龙体重超过1吨；兽脚类恐龙（如霸王龙），它们大多是食肉动物。

他们发现，在两个食草类群里，大体形恐龙所占比例明显更高。这让他们想从理论上说明为什么小体形恐龙很少。

^ 史前的水潭可能吸引了许多不同种类的恐龙，周围埋伏着捕食者，因此水潭是个危险的地方。

科学家们假设，食草恐龙通过自然选择进化为大体形。正如我们前面讲到的，蜥脚类恐龙产的蛋很小，鸟臀类和兽脚类恐龙也是如此，因此它们的体形在一生中发生了巨大的变化。会有很多体形小的幼龙，但这些幼龙很少能活到成年。基本上，大体形物种的所有幼体都起到了小体形动物的生态作用。奥戈曼和霍恩认为，食肉恐龙并没有长成大体形的压力，因为它们捕食的大部分动物都是大型食草恐龙的幼体，不需要大体形来压制大型食草恐龙的幼体。

因此，恐龙的不寻常之处在于它们的大多数物种体形都非常大，而不仅仅是少数几个奇异的物种。不过，恐龙也遵循常规，最大的恐龙并非食肉动物。先不要失望，因为有一些食肉恐龙确实体形庞大！

霸王龙

霸王龙可能是大众最熟知的恐龙，但这并不是本书介绍它们的原因。这里之所以提及霸王龙，是因为它们可能是体形最大的食肉恐龙。如果还有体形更大的食肉恐龙，那么这种恐龙与霸王龙可能非常相似且是近亲。霸王龙是有最多化石证据的大型食肉恐龙，古生物学家通过这些证据来了解它们。正如我们将要看到的，科学家们对于霸王龙的生活有着诸多的不确定和分歧。然而，对其他远古动物的推测是基于更少的化石证据，这一点应该引发你的思考。

名为“苏”的巨人

古生物学家已经发现了约50种霸王龙的标本，其中一些是接近完整的骨骼。这些标本可以追溯至恐龙时代末期一个相对短的时段（距今6800万~6600万年），它们均来自北美洲西部。亲缘物种出现得更早且分布在世界各地，其中一些可能比霸王龙的体形大，但大部分肯定比霸王龙体形小。

大约一个世纪以前，科学家们就已经根据少量骨头和牙齿标本了解到霸王龙的存在。1990年，一位业余古生物学家苏·亨德里克森（Sue Hendrickson）在美国南达科他州发现了迄今为止最完整、最大的霸王龙骨架。为了表达对她的敬意，以“苏”命名这具骨架标本。

芝加哥菲尔德自然历史博物馆在拍卖会上以760万美元的价格购入这具骨架标本并在馆内展出，这是当时恐龙骨架标本拍卖史上的最高价。

博物馆通常没有如此大量的资金，在这种情况下，菲尔德博物馆向企业和个人捐助者募集捐款。我要感谢这些企业和个人能够给予支持，让这令人惊叹的发现能够展示给公众，而不是作为装饰品收藏在千万富翁的家中。我还要感谢这具骨骼是以苏·亨德里克森的名字命名的。当时，这位古生物学家正在为一家商业化石勘探公司工作，即便如此，她没有因发现这具霸王龙骨架而得到任何经济利益。在一场法律诉讼中，美国联邦调查局最终裁定这具骨架标本属于发现地的土地所有者。

“苏”到底有多大？

因为我们有“苏”约80%的骨骼，所以能够清楚地了解到这只恐龙的身高和体长。它臀部顶部高3.7米，体长12.3米。为什么“苏”是迄今为止发现的最大的霸王龙化石呢？原因之一是这只恐龙死亡时的年龄比其他已发现霸王龙要大很多。若切开骨骼化石，则可以看到像树干上一样的年轮。在温带地区，由于动物体内温度的波动、饮食的变化，或为在成长（如骨沉积）和维持（如保暖）之间分配资源而发生新陈代谢的变化，都会使骨沉积速率在夏季和冬季之间发生变化。数一数“苏”的大骨头上的年轮，会发现这只霸王龙在死亡时已经28岁了。这告诉了我们很多事情。首先，这些动物的生长速度非常快；其次，对于如此大体形的动物来说，它们的寿命很短。我的推测是，一旦有某只霸王龙显示出任何虚弱的迹象（受伤、生病或单纯的衰老），另一只霸王龙就会过来杀死并吃掉它。

〈 霸王龙（*Tyrannosaurus rex*）
体形：体重超过 6 吨；体长超过 12 米。
这就是“苏”，迄今为止发现的最完整、最大的霸王龙化石。

无法确定的体重

即使有接近完整的骨骼，仍需要大量的推测才能判定一只恐龙的体重。基本上，这涉及估算它的肌肉有多发达、它的脂肪储备有多少、以及它的生活方式是怎样的，由此推算出它的不同身体器官有多大。以“苏”为例，科学家们目前的最佳推测是，它的体重为8.5~14吨。一般成年霸王龙的体重为5~8吨，这只霸王龙的体重比平均值要更大一些。虽然“苏”是个特例，它很可能并不是史上最大的霸王龙。另一只霸王龙的头骨有150厘米长，比“苏”的141厘米长的头骨要大很多。

> 就像树干一样，我们可以切开动物骨骼的大骨头，通常会发现同心环，每一环代表一年。因此，通过计算环的数量，我们能够知道动物在死亡或停止生长时的年龄。

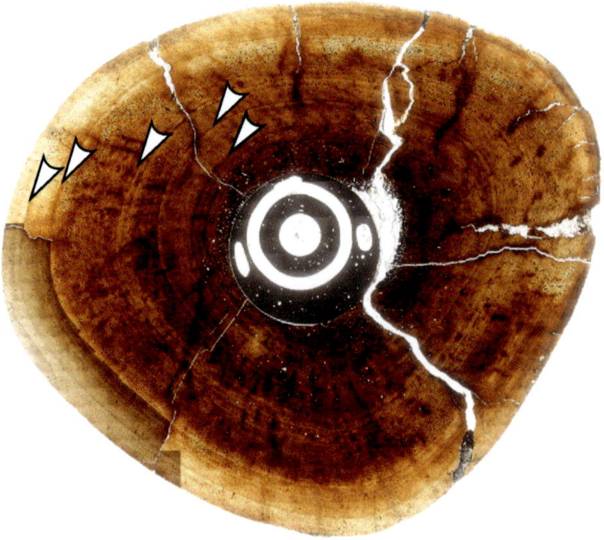

∨ 霸王龙的前肢相对较小，大约和我的手臂一样长。

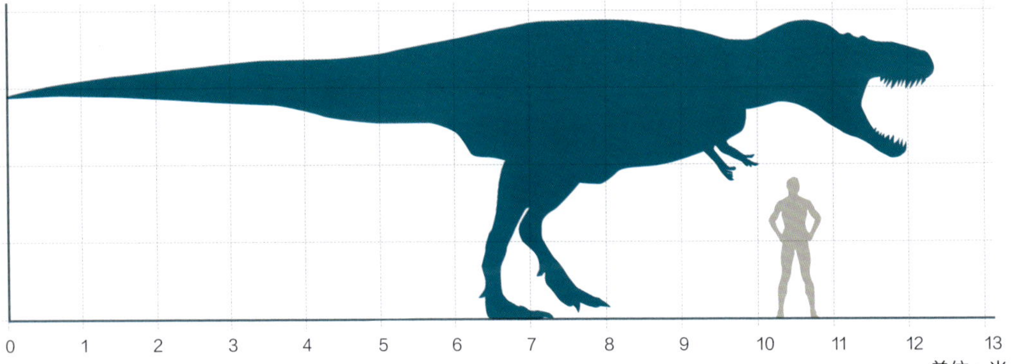

石化的捕食者

尽管“化石猎人”已经发现了大量霸王龙的骨骼，但要拼凑出这种动物的生活方式却绝非易事。我们已经看到，霸王龙是一种真正的巨型捕食者，它们比任何陆生哺乳类捕食者都大，而且不止哺乳类，它们很可能比任何陆生的捕食者都大。实际上，自霸王龙灭绝后，地球上几乎没有任何一种动物的体形能够与之相比。

力量与敏锐度

当你看到霸王龙的骨骼时，首先映入眼帘的是它硕大的头颅和成排的锋利牙齿，其中有些牙齿长达30厘米。从头骨的形状和肌肉附着部位可以看出，这种爬行动物有着非常强大的咬合力。不过，需要大量的推测才能判断这种咬合力到底有多大，并且不同的科学家得出了不同的估算结果。综合看来，约3万牛顿的咬合力可能是比较合理的数字。换个角度来说，我受到的重力大约为800牛顿，因此被霸王龙吞进嘴里的感觉就像40个成年男子站在你的背上！

要躲避霸王龙也不是件容易的事。通过观察霸王龙的头骨，我们可以推断出它有着非常灵敏的嗅觉和听觉，而它的视觉敏锐度似乎特别惊人。人类能够发现1.6千米外的一个足够大的物体，霸王龙能看到36千米外的物体。当它接近猎物时，能够准确地用下颌进行攻击。

^ 霸王龙的主要武器是它巨大且坚硬的下颌，能产生威力惊人的咬合力。

长着羽毛的“恶魔”

在过去的二十多年里，大多数科学家都认为恐龙与鸟类是亲缘关系。偶尔，古生物学家会发现保留了部分皮肤的恐龙化石，有时候它们似乎长着羽毛。一些与霸王龙关系非常密切的物种也是如此。因此，如果霸王龙身上覆盖着类似羽毛的东西，那么我也不会感到特别惊讶，尽管我的直觉是，爬行动物不会有现存鸟类身上的浓密羽毛。

有些科学家认为，恐龙的羽毛是用于保温的，就像鸟类和大多数哺乳动物有皮毛一样。这就意味着恐龙的新陈代谢率与哺乳动物和鸟类一样高。我认为有可能有些恐龙确实新陈代谢旺盛，但我不认为它们身上覆着类似羽毛的东西只是为了保温。我想求偶表演可能是恐龙进化出羽毛的一个关键原因，羽毛在社交方面有重要作用，能够显示动物的性别或其生殖系统的发育程度。在我看来，这表明霸王龙不仅有可能长着羽毛，很可能还是五彩斑斓的。不过，在古生物学家找到一些皮肤保存完好的霸王龙化石之前，一切只是纯粹的猜测。

^ 科学家发现了越来越多的证据，表明有些恐龙长有羽毛。倘若霸王龙显示出这样的外貌特征，那么它们很可能只有稀疏的羽毛，因为浓厚的羽毛很容易让这种庞然大物变得过热。

群体狩猎？

有人认为，霸王龙可能会像狮子一样成群结队地狩猎，从而更令人生畏。我认为成年霸王龙并非如此，但幼年霸王龙成群猎杀比它们体形更大的动物，这似乎不是不可能的事。对于咬力惊人的成年霸王龙来说，无法独立捕获的猎物恐怕很少，因此联合起来并没有什么好处。实际上，联合的代价是，为满足群体里所有恐龙的进食需求，这个群体会需要一个巨大的领地。

∨ 陆生食腐动物会跟随飞行中的秃鹫寻找食物，因此霸王龙也有可能跟随翼龙去觅食。

白垩纪的难题

像霸王龙这样标志性的动物，许多科学家自然都想以它们为研究对象，并对它们的生活方式做出有根据的猜测。不同的科学家用不同的方法来解决这些具有挑战性的问题，几乎不可避免的是，他们得出了一些截然不同的结论。在此，我们将涉及其中的几个案例，在每个案例中，我将对我认为最合理的观点发表自己的看法。

科学家曾经想象霸王龙拖着尾巴在地上蹒跚而行的样子。然而，在针对霸王龙骨骼连接方式的最新研究显示，霸王龙拥有更为活跃敏捷的生活方式。

它们的速度有多快？

在20世纪大部分的时间里，霸王龙被描绘成直立的姿态，用它们巨大的后腿和尾巴组成的三角支架保持平衡。科学家想象霸王龙拖着尾巴在地上蹒跚而行的画面。但现在我们知道，它们的腿关节形状并不适合这样做。相反，霸王龙是双足行走的动物（像人类一样仅用双足站立保持平衡），并且它们把尾巴扬起在空中。虽然它们的尾巴又大又重，但必须这样才能平衡头部和身体，因为头部和身体都在腿的前方。如果没有巨大的尾巴，那么霸王龙就会不断地向前倾倒。

行走和奔跑的区别在于，行走时至少有一只脚是着地的，而奔跑会有身体完全腾空的时候。大象发起进攻的时候走得非常快，但因为它们从未四脚离地，所以说它们不会跑。我的直觉是，对于像霸王龙这样重的巨兽来说，奔跑时腿部和脚部受到的压力比行走时要大很多，它们长达3米的腿能够让走路的速度比大多数人跑步的速度还快。据估算，霸王龙走路的速度为40千米/时，相当于一位杰出短跑运动员在理想条件下的水平。然而，在霸王龙猎杀人类的神话故事里，人类可能因自身的灵活性而幸免于难。

∨ 重建一只身体健壮的霸王龙，结果显示，它们巨大的爪子，强有力的后肢，正如那可怕的下颌一样，都是它们的有利武器。

霸王龙在转弯时有点像是一艘超级轮船。也就是说，霸王龙在直线上的速度可能很快，但猎物很可能通过不断闪躲曲折的路线逃离。这有力地表明，与熊类不同，霸王龙更专注于那些无法灵活躲避的超大型猎物。

为什么前肢很小？

虽然霸王龙的体重至少有5吨，但它们的前肢却只有1米长，相比之下，我的手臂大概80厘米长。然而，霸王龙的前肢骨骼粗大，肌肉发达，活动范围有限，这正是按住猎物并移动头部进行致命撕咬所需的条件。有关前肢短的其他说法是，前肢有助于恐龙躺倒在地后站立起来，并帮助它们在交配时抱住伴侣。霸王龙的前肢可能确实用于上述情况，但在我看来，它们除了用前肢来制服挣扎求生的猎物，其他大概都不是必要的功能。

捕食者还是食腐者？

科学家们一直就霸王龙是否主要是（甚至完全是）食腐动物而争论不休，我对此无法理解。很明显，霸王龙有成为合格捕食者的装备，但与现存所有大型捕食者一样，它们可能在一些情况下以尸体为食，并试图从小型捕食者那里窃取已被杀死的猎物。

秃鹫最特别之处在于它们通常是专门的食腐动物。它们进化出了特殊的身体结构，它们有巨大的翅膀以供高效翱翔，从而以非常有限的成本长时间飞行来觅食。这让它们成为优秀的食腐动物，但也付出了一些代价。由于巨大的翅膀有碍灵活，它们根本无法准确地飞行并着陆以捕捉潜在的猎物，因此这意味着它们不能成为捕食者。在地面行走的动物不需要在食腐与捕食之间求得平衡，因此包括霸王龙在内的任何捕食者都不太可能完全变成食腐动物。看来，霸王龙完全是个噩梦般的凶猛捕食者！

∧ 成年霸王龙可能不够灵活，不便捕捉速度快、行动敏捷的小型猎物。相反，它们可能专注于攻击像三角龙这样的大型猎物。

第三章　庞大的哺乳动物

现存最大的陆生动物是哺乳动物，自最后一种巨型恐龙灭绝后的 6600 万年来一直如此。在本章中，我们将介绍过去和现在大型的陆生哺乳动物。当然，有史以来最大的动物是蓝鲸，它们也属于哺乳动物。为了让大家熟悉水生哺乳动物，我们将在下一章“深海巨人”中介绍蓝鲸。在本章，我们会提及一个经常被忽视的群体，它们与大象是亲缘关系。我们从现存最大的陆生哺乳动物——非洲草原象讲起。

巨大的象

当我还是个孩子的时候，老师问地球上最大的陆生哺乳动物是什么？如果回答“非洲象”，就会拿到满分。但严格来讲这并不正确，基因研究表明，我们曾经认为的非洲象实际上包括两个物种：非洲草原象（*Loxodonta africana*）与非洲森林象（*L. cyclotis*）。在距今700万~200万年，这两个近亲被分成两类物种，那时人类与猩猩还未被区分开来。这两种象中，草原象体形更大一些，因此我们将会重点介绍。

大象生物学

体形最大的非洲草原象肩高近4米，体重略超过10吨。比较而言，体形最大的非洲森林象体重约为6吨；最大的亚洲象体重约为7吨；最大的犀牛和河马体重不到3.5吨。因此，大象无疑是体形最大的陆生哺乳动物，其中体形最大的是非洲草原象。

大象有一个极不寻常的解剖学特征，那就是头部很大，可以占到体重的25%。人类的头部也很大，但成人头部只占体重的约7%。大象需要很大的头部来容纳巨大的齿系，这是它们生活中最重要的一部分。它们甚至可以消化最难吃的坚硬植物性物质，如整根树枝或树干上的树皮。

^ 大象是社会性很强的动物，雌性大象通常一生都在同一个紧密联系的家庭群体中度过。

< 非洲草原象（*Loxodonta africana*）
体重：10 吨。
这些剪影显示了地球现存最大的陆生哺乳动物的成年平均体形和已知的最大体形。

∨ 大象需要巨大的齿系来磨碎进食的大量草料，以维持它们的生命。

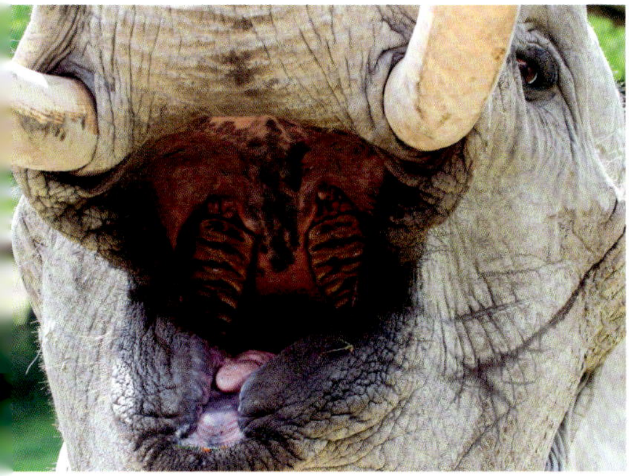

大象在一生（约70年）中要换掉6副牙齿，它们需要用牙齿磨碎大量坚硬的物质来满足能量需求。大象的头部很重，支撑着象牙。象牙用于求偶表演和攻击，同时也用于挖取食物和水。巨大的头部便于大象推倒树木，这可能是为了获取食物，也可能是树木刚好挡住了去路。不过，大象必须有非常短的颈部才能支撑得住巨大的头部。大象的头部几乎置于前肢的正上方，从而能够更有效地承重。

颈部短为进食和饮水带来了挑战，但象鼻经过进化，完美地解决了这个问题。大象灵活且强壮的象鼻可将食物和水直接送到嘴边，无须移动头部就能进食和饮水。

作为生活在温暖气候中的大型恒温动物，大象面临着身体过热的难题。出人意料的是，大象是游泳健将，喜欢水浴降温，它们还会用鼻子向背部喷洒凉水甚至泥土，但它们保持凉爽的关键在于它们的大耳朵。大象的耳朵血管密布，加之耳朵的表面积很大，只要周围的空气温度比体温低，就可以通过对流散热。更妙的是，大象可以扇动耳朵，这增加了耳朵和上半身周围的气体流动，进一步帮助身体散热。

每当我在博物馆看到一头大象的骨架并想到人类对已灭绝生物的了解时，就感到很是谦卑。因为大象的骨骼比其他任何组织都更容易保存下来，所以我们知道的很多信息都是从大象的骨骼中推断出来的。但大象的鼻子和外耳完全没有骨头。如果大象已经灭绝，而我们只有它们的骨骼，那么就需要一个比我聪明许多的科学家才能想得出大象的耳朵和鼻子是什么样的。

这里值得警示的是，对于一些已经灭绝的生物，因为它们解剖结构的重要部位没有骨头，也就没有留下任何化石痕迹，所以我们可能并不像以为的那样了解它们。

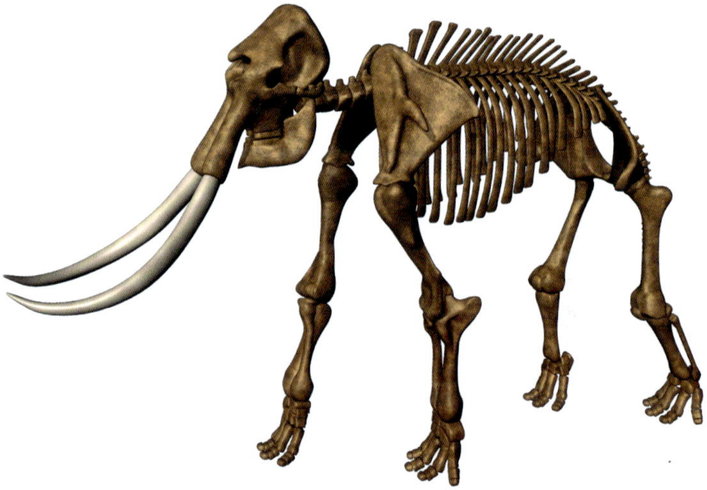

^ 如果大象已经灭绝，只能根据它们的骨骼化石进行研究，那么科学家会推测出大象有粗壮的躯干和巨大的耳朵吗？

< 大象的繁殖率很低，作为弥补，它们抚养后代的时间很长，这与人类有些类似。

∨ 一个象群可能包含了三代，而且年龄跨度很大。

大象面临的威胁

成年非洲草原象没有天敌，只有狮子会在非常特殊的情况下捕食它们。幼象不仅与母亲在一起，还生活在由幼象和年长雌象组成的高度团结、极具保护性的群体里，因此幼象也不是特别容易受到攻击。这种情况下，大多数狮子都明白，可以用更容易的方法去觅食。即使一群狮子成功捕杀了一头小象，它们也很难避免在进食时被愤怒的象群踩死。

果然，大象面临的主要威胁来自人类。非洲草原象可能是最常见的大象物种，但据估算，其数量每年下降8%，很有可能在我们有生之年灭绝。繁殖率低是一大难题。大象的妊娠期为22个月，尽管小象从出生后6个月开始，就可以吃一些固体

^ 对非洲大部分地区来说，偷猎象牙仍然是影响大象数量的一个严重问题。但大象与农民之间的冲突也同样严重，农民不愿让努力种植的作物遭受大象的践踏和啃食。

食物，但在5岁前小象仍需靠母乳喂养，因此一头雌象可能每五年才会产下一头小象。一头雌象从10岁开始具备繁殖能力，在25~45岁达到繁殖巅峰。对于这种缓慢的繁殖者来说，捕猎水平的提高会造成严重后果。遗憾的是，人类带来了加倍的负面影响。

有人猜测，偷猎大象以获取象牙会对大象的数量产生显著的负面影响，这是完全正确的。许多非洲国家都在努力遏制偷猎行为，但也面临着相当大的挑战。首先，草原象的种群分布范围很广，象群的活动区域很分散，因此要完全看护它们并不现实。其次，非洲大部分地区缺乏基础设施，无法有效地实行反偷猎法规。最后，经济因素也是保护大象的障碍，有许多非洲人认为，即使在偷猎过程中有被射杀的风险，但象牙的非凡价值以及可能带来的财富，令人在所不惜。

我认为，在象牙需求量仍在很高水平的情况下，根本无法阻止非洲的象牙偷猎行为。我们需要做的是，在全球范围内，尤其是在大部分象牙最终流入的亚洲地区，从态度上改变人们对象牙制品的需求。我家没有象牙制品，我希望你家也没有。

获取象牙并不是蓄意猎杀大象的唯一原因。在非洲部分地区，狩猎大型猎物仍然是一项利润丰厚的营生。不可避免地，狮子和大象成为猎人最想瞄准的目标战利品。有些人为了获得猎杀这些美丽生物的机会，不惜花费数万美元。同样，我认为需要改变态度。如果你的墙上挂着象头作为装饰，那么就不要邀请我共进晚餐了。也不要告诉我你为获得战利品向非洲注入了多少资金。如果你关心并想要帮助非洲人，那么就把你的钱捐给提供清洁饮用水的慈善机构，而不是给那些猎杀美丽动物的人。

非洲很多地区的人口正在快速增长，这意味着越来越多的土地将不可避免地被农业、畜牧业和人类居所占用。因此，在非洲越来越多的地方，大象根本不受欢迎，这本身就会带来一系列的问题。大象无法识别“禁止入内”的标志和围栏，因此很可能与农民发生冲突。

需要在资金允许的情况下设立有效的边界。这一点相对简单，参观动物园时就能注意到大象并不擅长特技，哪怕是一堵低矮的围墙也能把大象围挡住。因为大象并不喜欢昆虫，所以养蜂也许是一种更有创意、性价比更高的让大象远离农作物的方法。如果我们能够减少对大象的蓄意捕杀，让它们远离不受欢迎的区域，就能在非洲营造一个非常适宜的生存环境，让这一数量已经减少但仍具繁殖能力的最大陆生动物种群在未来繁衍不息。

> 来自国际社会的支持日益增长，人们鼓励采取措施遏制偷猎象牙行为。

大象的祖先

现存大象的祖先最早出现于约 5000 万年前，出于种种原因，我们对它们有很多了解。首先，相对近期物种的骨骼所在的区域不太可能发生巨变。其次，体形较大物种的骨骼不太可能受到破坏，且更有可能被古生物学家发现。最后，我们对现存大象的祖先特别了解的主要原因是它们的牙齿保存完好。与现存大象一样，它们的祖先有着巨大的齿系，大象的牙齿面临着很大的进化选择压力。因为牙齿对生存至关重要，并且受动物的寿命、饮食和体形的影响，所以牙齿形状似乎是判定个别物种的一项可靠依据。

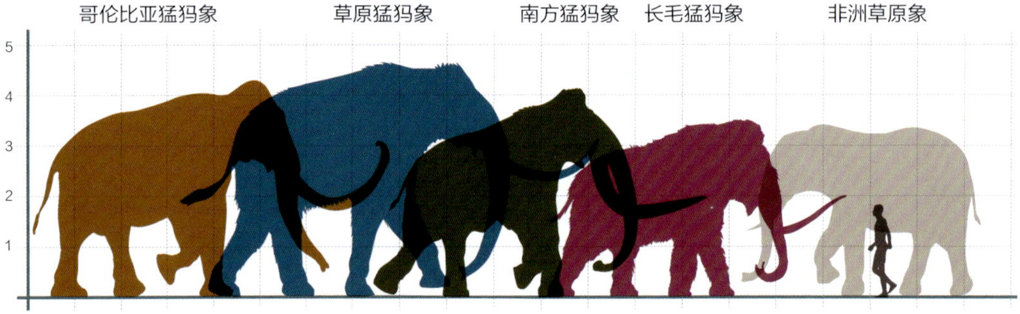

^ 一些猛犸象的体形比最大的非洲草原象还要大一些。

猛犸象

猛犸象是大象很有名的近亲，它们最早出现于约500万年前，于4000年前灭绝。并不是所有猛犸象都体形巨大，但诸如南方猛犸象（*Mammuthus meridionalis*）、草原猛犸象（*M. trogontherii*）以及哥伦比亚猛犸象（*M. columbi*）都比体形最大的非洲草原象还要大一些，体重约为12吨。猛犸象广泛分布于非洲、亚洲、欧洲及美洲。那些来自北方的象长着乱蓬蓬的长毛（更温暖地区的物种则没有），大多数猛犸象的象牙都比现存大象的象牙更大、更弯曲。

我们之所以对包括长毛猛犸象在内的猛犸象有大量了解，主要有两个原因。第一，在阿拉斯加和西伯利亚等北方地区，一些标本被完好地保存在永久冻结的基质中。当这些标本解冻后，我们可对它们的软组织、胃内容物以及DNA进行研究，就像它们昨天才刚死去一样，这对科学家来说绝对是一个宝库。第二，这些动物与人类有过接触，人类将它们的画像雕刻在洞穴的墙壁以及随身携带的工艺品上。人类最早雕刻的动物形象之一就是猛犸象，自然地（或者说讽刺的是），人们是用象牙雕刻出来的。简短来说，这些猛犸象的大部分解剖结构和生活方式看起来都与现存大象非常相似。

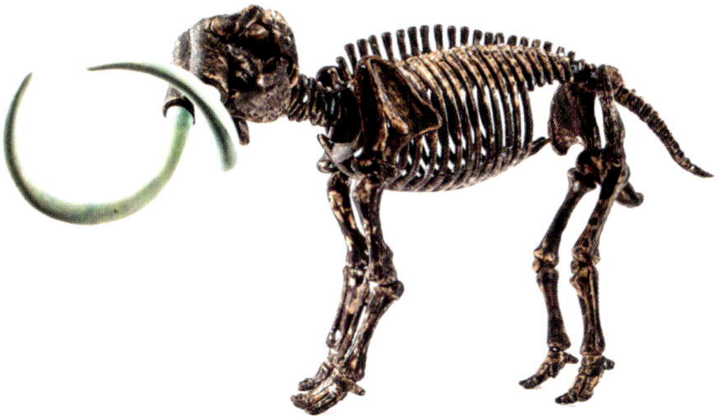

^ 除了象牙，猛犸象的骨骼也与现存大象相似。

∨ 猛犸象的软组织在永久冻土层中保存得非常完好，因此我们能够确定这种动物是长着长毛的。

充分的证据

猛犸象为什么会灭绝？原因可以仅归结为是气候变化，或者是人类因素，又或者是两者的结合。尽管在过去的2.5万年中，地球曾经历了冰川时期和其他气候变化，让猛犸象及许多其他大型动物逐渐消失，但这些气候事件并不比之前数百万年的类似事件更剧烈，因此我认为不能将猛犸象的灭绝仅仅归咎于气候。相反，人类与其直系祖先已经发生了巨大的变化——人口变得更多，人类的活动范围分布到地球更广的区域，更重要的是，科技也得到了发展。我认为，猛犸象灭绝的原因是人类能够更高效地在更大范围进行更大量的捕杀，但这只是我的观点。然而，人类占据世界不同地区的时间与猛犸象灭绝的时间，两者之间似乎确实存在相关性，但这种相关性并不密切，我们无法确切指出这两类事件在特定地点的发生时间。洞穴壁画和其他艺术形式确实描绘了捕杀猛犸象的场景，有些猛犸象的遗骸中发现有矛头，但捕杀并不一定等同于灭绝。目前还没有确凿的证据表明，在过去的2.5万年中，人类在许多大型动物（包括猛犸象）的灭绝过程中扮演了关键的角色。但我要说，证据是非常充分的。

^ 全球变暖的一个后果是，随着永久冻土层的融化，将有更多的猛犸象遗骸被发现。

> 巨型猛犸象的模型显示，与现存大象相比，它们的头部形状更尖。

再造猛犸象

科学家已经从猛犸象身上提取了完整的DNA，并绘制了它们的全基因组图谱，从理论上可以说能够重新创造出一头活着的猛犸象。猛犸象的基因组与亚洲象的基因组相似度达到99%，科学家已经成功地将猛犸象的DNA短链导入大象的细胞中。科学的发展日新月异，一个世纪前，我们甚至从未听说过核能，也从未想象过心脏移植或将人类送上月球。但无论是否有可能再造一头猛犸象，这无疑都将是一项充满挑战且耗资巨大的事情。倘若在一百年后，我们在某个主题公园里见到了一群猛犸象，而非洲草原象却在这期间灭绝了，那么我不确定这个交易是否公平。尽管如此，我认为这是一个令人兴奋的生物学领域，当然我们是否应该将资源集中用于复活猛犸象是个值得探讨的问题。

南美洲和北美洲的巨人

乳齿象（属于乳齿象科的一个物种）在约1万年前一直栖息于北美洲和中美洲。它们是大象和猛犸象的远亲，大约在2700万年前与大象、猛犸象分离，但在解剖学和生活方式上，乳齿象与大象、猛犸象非常相似。猛犸象有与现代大象相似的牙齿，特别适合在平原上吃草，而乳齿象的牙齿则更适合在树林里吃植物的枝叶。乳

^ 铲齿象是一种食草哺乳动物，在距今 1100 万 ~500 万年的中新世晚期栖息于北美洲平原。它们长着两对象牙，其中一对是扁平的，从下颌前端伸出来，像铲子一样，用来从相对松软的地面中挖掘植物块茎。

齿象最早于18世纪被发现，当时在北美洲的不同地方发现了它们的巨齿。据称，非洲奴隶最先认为这些牙齿与他们在大象遗骸中看到的象牙相似。乳齿象的身形与现存亚洲象非常相近，但最大的乳齿象可能重达11吨。大约1.7万年前，人类从亚洲北部来到美洲，之后足迹遍布美洲的各个地方。如果我认为乳齿象的消失与人类活动有关，你一定不会对这一观点感到惊讶。

铲齿象是另一种已经灭绝的动物，在距今1200万~200万年广泛分布于北美洲。与乳齿象不同，约250万年前海平面下降，一座大陆桥将南、北美洲连接起来，铲齿象于是冒险进入了南美洲。当时发生的正是“南北美洲生物大迁徙”，南方的动物向北方迁移，反之亦然。铲齿象南迁时，刚好被北美洲的其他类似大象的动物取代。铲齿象在南美洲一直繁衍到距今9000~6000年。它们为什么会灭绝？我甚至不愿重申我的想法。

大象最大的祖先

阿谢尔·拉拉门迪（Asier Larramendi）于2016年发表了一项重要研究，名为

《长鼻目动物的肩高、体重与体形》。长鼻目是科学家对大象及其祖先的统称。拉拉门迪的研究是一篇关于用不同方法估算已灭绝生物体形的综述。科学家在估算一种已灭绝动物体形时，通常只有一副不完整的骨骼，有时甚至只有一块骨头，因此他们必须做出大量的假设，然后根据已有的证据进行推测。拉拉门迪的论文提出了很多重要的论点。

^ 亚洲古菱齿象（*Palaeoloxodon namadicus*）
体重：10.4 吨。
最新研究表明，这可能是有史以来最大的陆生哺乳动物。

这对现存大象来说是个坏消息。虽然体形最大的非洲草原象一般估算体重为10吨，但是被射杀的草原象却没有一头被真正称重过。由于为如此大体形的大象称重所需的设备并不普及，因此这是可以理解的。

作为替代，通常会测量象的足围，并据此估算体重。利用这些数据，拉拉门迪认为，非洲草原象的体重实际上更有可能是10.4吨，而不是12吨。尽管如此，这个数字仍然让非洲草原象成为目前地球上最大的陆生动物。

拉拉门迪接着提供了证据：不少长鼻目动物物种比现存的非洲草原象要大一些，体重约为11吨，还有一些则要大得多。例如，据拉拉门迪估计，一种乳齿象个体的体重达14吨。据称这头象当时大概30岁，而拉拉门迪认为，若它活到老年，则体重可能会长到18吨。

亚洲的古菱齿象似乎是所有长鼻目动物中体形最大的一种。2.4万年前，在亚洲的印度和日本等地都能发现这一物种。1905年在印度发现了一副不完整的古菱齿象骨架，这副骨架相当巨大。拉拉门迪估计，这头古菱齿象活着时的体重可能达到22吨，这对长鼻目动物来说是个大新闻。科学家之前曾普遍认为，地球上最大的哺乳动物是重达17吨的犀牛的祖先。

非凡的犀牛

其他真正大型的现存陆生哺乳动物是犀牛和河马。在此，我们将介绍已灭绝的犀牛近亲以及现今发现的最大犀牛。与犀牛的后代相比，犀牛的祖先更广泛地分布于全球各地，其中包括一些真正的庞然大物，与现存的犀牛截然不同。

现存的犀牛

现存犀牛有五种，大多数资料都记载白犀牛（*Ceratotherium simum*）是其中体形最大的。我不会对此提出异议，但白犀牛体形的平均水平与印度犀牛体形的平均水平肯定没有太大差别，而且为这两类物种保存下来的精确记录并不多。在所有种类的犀牛中，雄犀牛都比雌犀牛更重，一头雄性白犀牛可能重达2.3吨，而一般印度犀牛体重则可能略小于它。很容易想象，任何种类犀牛中的体形特大个体都能重达3.6吨，比方说，体重甚至有达到4吨或更重的也是看似合理的。由于白犀牛是有记录以来平均体形最大的犀牛物种，我们接下来将进行重点介绍。但在我们结束这段之前，我必须承认，印度犀牛看起来是最酷的，它们有着厚厚的皮肤褶皱，至少对我来说，它们看起来像是全副武装。

‹ 印度犀牛（*Rhinoceros unicornis*）
体重：4 吨。
虽然印度犀牛的平均体形没有白犀牛的平均体形那么大，但它们盔甲般的皮肤褶皱非常引人注目。

∧ 犀牛角的大小和形状通常是区分不同类犀牛的可靠特征。

白犀牛

将非洲的两种犀牛命名为白犀牛和黑犀牛（*Diceros bicornis*）是有些奇怪的，颜色并不是区分它们的可靠特征。这两种动物是亲缘物种，非常相似。它们在不久前才被分化出来，因此两物种仍可进行杂交繁殖。白犀牛一般体形较大，但你可能仍然难以区分未成年的白犀牛和成年的黑犀牛。最好的辨别方法是看嘴形：白犀牛是食草动物，下颌和嘴部很宽；而黑犀牛则在树林和灌木中觅食，它们的嘴很小，以便细致地剥开树枝。

白犀牛分为两个亚种，这两个亚种的命名更为准确，北部亚种（北部白犀牛，*Ceratotherium simum cottoni*）分布于撒哈拉以南的非洲东部和中部，而南部亚种（南部白犀牛，*C. s. simum*）则主要聚集在南非。

南部白犀牛的历史分布区域原本还包括其他非洲南部的国家，最近它们被成功地重新引入了其中一些国家。你可能已经注意到我在描述分布区域时用了"原本"，这是经过深思熟虑的，野外生存的北部白犀牛可能已经灭绝，目前只剩两头在圈养，两头均为雌犀牛且都在肯尼亚。也曾尝试用雄性南部白犀牛与这两头北部白犀牛交配繁殖，但未能成功，看来两只雌犀牛都不能生育。这意味着北部亚种可能已经功能性灭绝，尽管我们还没有完全放弃希望。据可靠来源，自2008年以来，

^ 白犀牛（*Ceratotherium simum*）
体重：约 3.6 吨。
平均而言，成年白犀牛比成年印度犀牛体形稍大一些。

^ 黑犀牛（*Diceros bicornis*）
体重：约 2.9 吨。
与白犀牛相比，黑犀牛的脸和嘴的前部明显更窄。

未再发现任何生存在野外的北部白犀牛。尽管它们体形相当庞大，但这些犀牛可以活到50岁，它们最后一次出现的地方是刚果的面积为5200平方千米的加兰巴国家公园。几乎可以想象，在过去的多年中，几头犀牛是如何在一个偏僻的角落安静的吃草而不被发现的。最后，好消息是，南部白犀牛如今正在茁壮成长，而在一个世纪前南部亚种几乎灭绝。目前，南部白犀牛的数量约为2万头。

已灭绝的巨犀

犀牛已经存在了数千万年，它们在全球的分布比今天要广泛得多。我们在此关注的是其中最大的犀牛，即巨犀属（*Paraceratherium*）的成员，它们在距今3400万~2300万年的这段时期广泛分布于亚洲和欧洲。我们将看到，这些巨犀比现存犀牛甚至大象都要大。

这些犀牛的祖先似乎以柔软的叶子为食，从头骨形态来看，它们上唇超级发达的肌肉，以及像貘一样的庞大躯干能够帮助它们进食。与现存犀牛不同，巨犀的颈部较长，再加上和大象一样的长腿，让它们得以将头伸到高处寻找食物。拥有如此长颈意味着这些巨犀不太可能有巨大的头部，它们也没有大象那样巨大的牙齿。这表明，它们对磨碎纤维性很强的物质不感兴趣，而是更加专注于柔软的叶子。巨犀也没有角，这也可以减轻头部的质量。

很多科普类读物都将巨犀描述为史上最大的陆生哺乳动物。正如我们之前讨论过的，阿谢尔·拉拉门迪重新评估了大象祖先可能的体重，认为其中有些超过了20吨。最早的估算是在约一个世纪前，显示巨犀的体重为20~30吨，但自那之后，这些估算值不断被向下调整。

科学家很少直接通过发表文章来批评他人，但在1993年，芬兰自然历史博物馆的米凯尔·福特利乌斯（Mikael Fortelius）和得克萨斯大学的约翰·卡普曼（John Kappelman）做出了最大的努力，通过不同的方法对这些巨犀的体形进行了全面的估算。他们论文标题的最后写着“我们想象中最大的陆生哺乳动物”，可以看作是对之前过于夸大的计算方式做出的最礼貌的反驳。他们用了92种不同的方法（取决于使用了哪些骨骼和假设）测算了巨犀的体重，结果都没有超过15吨。拉拉门迪重点研究了他认为最可靠的几组假设，得出巨犀的最大体重约为17吨。

由此我们可以得出结论，巨犀类物种肯定是史上最大的陆生哺乳动物之一，但很可能并不是最大的，或许有些长鼻目动物的体重超过了20吨。目前还不清楚巨犀灭绝的原因，但在它们灭绝的时期，长鼻目动物的分布似乎已经扩展至亚洲。我的推测是，长鼻目动物在与巨犀的竞争中胜出了，也许是因为它们既能以纤维植物为食，又能以最柔软的叶子为食。此外，对于体形较大的巨犀类物种来说，更大的问题是身体容易变得过热，因为它们没有大象那样的大耳朵。气候变暖，以及来自长鼻目动物（具有防止过热特征）的竞争，很可能会对巨犀产生影响。

^ 巨犀的体形比白犀牛大得多。

食草动物中的重量级选手

在第一章中，我们讨论了为什么食草动物的体形通常比食肉动物要大，但为什么是犀牛这样的巨型食草动物，而不是兔子这样的食草动物呢？这个问题的答案并不像科学家曾经认为的那样清晰。人们一直认为，由于大体形动物可以让更多的食物更长时间地保存在体内，因此大体形动物拥有更高的消化效率。

苏黎世大学的马库斯·克劳斯（Marcus Clauss）等人做了细致的研究，结果表明，对于现存最大的食草动物来说，情况似乎并非如此。因此，是怎样的自然选择压力促使体形巨大的动物进化？答案一定在别处。在觅食方面，平均来说，因为新陈代谢随体重增长的速度慢于成比例增长的速度，所以体形较大的动物比体形较小的动物能依靠身体储备维持更长的时间。体形大还可以到更远的地方寻找更好的食物，并且，通过恐吓小型动物、伸到高处或撞倒树木的方式，大型动物能够优先获取食物。最后，可能是为了降低捕食风险，自然选择促使一些物种进化出巨大的体形，由此便没有什么事能困扰它们。

我们还应该思考为什么最大的食草恐龙比最大的哺乳动物要大。身体过热可能是其中一个原因，若要将哺乳动物的新陈代谢维持在蜥脚类恐龙的新陈代谢水平，哺乳动物的身体就会变得过热。不过，我怀疑真正的原因与它们完全不同的繁殖策略有关。

看起来不可避免的是，哺乳动物的体形越大，它们繁殖后代的速度越慢，而蜥脚类恐龙在任何一次繁殖时都会产下许多相对小的卵。不可否认，这意味着蜥脚龙的幼崽会有很高的死亡率（如被捕食），但如果反复发生的环境巨变让种群大规模灭绝，那么蜥脚类恐龙

^ 巨犀（*Paraceratherium*）
体重：可能高达 17 吨。
长期以来，这一已灭绝的犀牛属物种一直被认为是史上最大的陆生哺乳动物。这可能是真的，但正如我们之前看到的，有些已灭绝的大象近亲在体形上非常接近甚至大于巨犀。这幅插图显示，巨犀不仅可以获得较小体形的食草动物无法获取的食物，而且它们巨大的体形还能保护它们免受许多捕食者的攻击。

能够比大体形哺乳动物更快地恢复，尤其是当环境巨变同时也导致许多捕食者灭绝时。最终决定哺乳动物体形上限的因素可能是，在另一次环境巨变发生之前，哺乳动物的种群数量从困境（如干旱或洪水）中恢复的速度。须鲸似乎与这一观点相悖，但它们依靠的是持续、可靠且大量的食物，这些食物充足到让觅食者之间几乎不存在竞争。

巨型河马

我们最后要讨论的巨型食草动物是河马。以河马为例，讲述大型动物解决身体过热问题的一种不同方式。河马白天都浸泡在水中，只有在凉爽的夜晚才出来到附近的草地上吃草。

^ 河马（*Hippopotamus amphibius*）
体重：约 3.2 吨 。
虽然河马是一种食草动物，但它们也会攻击和杀害人类。雄性河马对各自的河段有极强的领地意识。

河马生物学

河马是鲸和海豚的近亲，但在5500万年前就与它们分离了。河马广泛分布于撒哈拉以南的非洲地区，它们生活在浅水和靠近草原的缓坡河岸。现存河马的祖先遍布欧洲、亚洲和非洲，尽管有些河马的祖先比现存河马要大一些，但也不是特别大。因此，我们在这里只关注现存的河马物种。

雄性河马比雌性河马体形更大，而且显然所有河马都会在一生中不断长大。大体形河马的体重约为2000千克，但也有一些可靠的报道称，特大体形河马体重能达到2700~3200千克。奇怪的是，河马虽然大部分时间都浸泡在水中，但河马并不擅长游泳。

河马具有负浮力，会站在水底，它们很少误入到必须要游泳的深水区域。它们喜欢的水的深度是足部能够接触到河床或湖床，头顶刚好可以露出水面。因此，它们的耳朵、眼睛和鼻孔都高高地长在头上。虽然河马不是游泳健将，但除了进食，它们在水中做任何事情——在水中交配、在水中分娩、白天在水中给幼崽哺乳。它们也在水中睡觉，令人惊奇的是，在水太深而无法将鼻孔始终露出水面的情况下，它们也能睡在水中。水太深时，沉睡的河马每隔几分钟就会用前肢将自己向上推，这样头部就可以摆动到水面上。然后，河马将鼻孔张开，呼气和吸气，之后再次潜入水中，整个过程都不会醒来。

^ 河马打哈欠是一种社交信号，主要显示它们的统治地位。

南美洲的河马

显然，河马存在的5500万年里，它们从未到过美洲。然而，在我有生之年，这种情况发生了改变。臭名昭著的哥伦比亚毒枭巴勃罗·埃斯科瓦尔（Pablo Escobar）在他的私人动物园里养了4头河马。在他死后，人们认为这些河马太难捕捉且无法重新安置，因此就让它们去无人打理的庄园里自由徜徉。这4头河马繁殖后至少变成了40头，它们开始扩大地理上的活动范围。在当地制定一个能够控制河马的数量计划是有必要的，或者确保当地居民能够跟这些河马和谐共处。

河马很危险吗？

人们常说，在非洲，河马比狮子杀死的人多。由于失踪者的命运往往不得而知，因此我认为很难证明这一点。不过，河马的数量超过10万头，而狮子的数量可能只有2万头，且河马确实会攻击船只和人类。它们这样做有两个原因。首先，雄性河马在水中有很强的领地意识，它们会奋力捍卫自己具有优先或独占交配权的河段。这会让河马对经过的任何东西（包括船只和游泳者）产生很强的攻击性。其次，虽然就连最大的狮子和鳄鱼通常都会对河马避而远之，但幼年河马落单时很容易受到伤害。所有成年河马，尤其是作为母亲的河马，都会对可能威胁到幼崽的物体进行攻击。因此，如果你碰巧在夜间误入一群正在觅食的河马中间，又刚好挡在幼崽和它的母亲之间，那么很可能会发生不好的事情。

河马庞大的身躯足以把你压扁或压死，它们还有非常大的门牙，喜欢张大嘴打哈欠来炫耀这些大牙。不过，河马的牙齿根本不是用来进食的，而是用来打架的，特别是雄性河马之间的较量。由于河马有着5厘米厚的皮肤，它们即使有非常激烈的争斗也不会对彼此造成太大伤害。

河马具有保护性的皮肤和可怕的牙齿让捕食者更愿意寻找比河马更易捕获的猎物。然而，因为一些人类认为河马的牙齿与象牙一样具有巨大的价值，所以河马的牙齿也可能使它们死于人类之手。河马也曾作为食物被捕杀，但是它们面临的最大威胁有两个：一是为了保护农作物而将河马杀害，二是因不断增加的人口数量而导致河马栖息地减少（特别是河马既需要在坡度较缓的河岸饮水，又需要附近能有优质的食物）。

‹ 河马可以完全浸没在水体底部并行走数分钟。

已灭绝的南美洲巨人

过去，南美洲曾生活着两种不同寻常的巨型食草动物。其中一种就像一辆装甲车，而另一种是迄今所知最大的食草动物之一，两者现存的后代体形要小很多。

披盔戴甲的雕齿兽

雕齿兽生活在距今250万~1万年的南美洲。它们与犰狳是近亲，但雕齿兽将这类物种的防护性甲壳提升到了一个新的水平，而且体形也达到了巨大的程度。出于某种原因，人们通常把它们的体形大小比作一辆圆顶小汽车。我想人们之所以会想到这个比喻，部分原因在于它们的外壳呈圆顶形。的确，雕齿兽的体形和一辆汽车的大小不相上下，最大的雕齿兽体长超过3米，体重超过2吨。

∨ 犰狳是巨型雕齿兽的近亲，但犰狳的体形要小得多，它们有着皮质的外表而非骨质的外壳。

雕齿兽的外壳可以保护它们免受几乎所有捕食者的攻击，但它们要付出拖着沉重外壳而耗费能量的代价。雕齿兽的四肢短而粗壮，能够帮助它们承受外壳带来的额外重量，但这同时也表明它们绝不是短跑选手。在遭遇攻击时，它们的四肢可以缩到外壳下方，但头部和尾部不能缩回，因此这两个部位都有甲片。雕齿兽有点像巨型陆龟，你知道为什么它们要有尾巴吗？在大多数情况下，它们并不需要尾巴来保持平衡。

一条线索来自这样一个事实，即有些物种的尾巴末端有一簇尖刺。看来，尾部的设计和肌肉系统让它们可以挥舞尾巴作为武器，有点像中世纪的狼牙棒。这样的构造可以帮助它们抵御捕食者，但外壳已经给了它们所需的保护，也就不需要经常发动进攻。尾巴作为武器的主要作用可能是对付其他雕齿兽，或许是在雄性为繁殖交配进行竞争时，又或许只是为了防止其他雕齿兽把自己从一个特别美味的觅食点挤走。

我认为为了繁殖竞争的可能性更大，我不相信这种巨兽会生活在拥挤的族群中，以至于进食时会踏到对方的脚趾。并且，体形巨大的一个优势是，它们不需要很挑食。

与其他已经在地球上生存了100万年或更久、而在过去5万年中灭绝的大型动物一样，我认为人类很可能与雕齿兽的灭绝有关。除了作为肉类的来源，有人认为雕齿兽巨大的外壳可供人类建立一个耐用的居所。

∧ 雕齿兽的体形像一辆圆顶小汽车。

> 从雕齿兽粗壮且能负重的四肢可以看出，它们坚硬的外壳一定很重。雕齿兽还有骨感的头部和尾部，同样结实，能够抵御攻击。

巨型地懒

我们认为懒类是行动非常缓慢的树栖食叶动物，但在距今500万~1万年的这段时期，南美洲生活着栖息在地上的巨懒。我们感兴趣的是大地懒属，它们中的一些物种体形巨大，从头部到尾部长达6米，重达4吨。然而，让它们与众不同的是，它们似乎有非常好的平衡能力，它们显然是用后肢站立才能到其他陆生食草动物无法够到的高树上觅食。

地懒的尾巴又宽又长且肌肉发达。当地懒站立起来时，尾巴能够帮助它们保持平衡，将身体支撑在后肢和尾巴形成的三脚架上。地懒的前肢有很长的爪子，能够用来把树枝往下拉到嘴边。实际上，它们的爪子太长，以至于地懒不得不用脚的两侧走路，从而避免将太多重力压在爪子上，就像现存的食蚁兽那样。我们发现的行迹表明，地懒有时仅靠后肢行走。我的推测是，如果它们是在觅食，那么在变换位置时保持两足行走会省去抬起和放下身体的力气；但在不觅食时，四足行走会更快、能量效率会更高。

大地懒（*Megatherium*）
体长：6米。
体形最大的地懒有大象那么大，是史上最大的陆生动物之一。与所有大型哺乳动物一样，地懒也是食草动物。不过，它们体形庞大，强壮的前肢末端长着巨大的爪子，足以抵御捕食者。

^ 巨型地懒巨大的体形。

大象的脚具有很好的缓冲作用，可以缓冲脚落地时的冲击力以及身体的一部分压力。这点解释了为什么我认为巨型地懒肯定有超强的平衡力。当它们前肢直立起来觅食完毕时，我猜它们能够用尾巴作为平衡物，从而缓慢轻柔地将前脚落到地面上。我认为，如果反复地将脚重重落在地上，就会对前肢造成过大的压力，并且导致频繁受伤。即使是轻轻把脚放下来也仍然会产生相当大的压力，地懒的前肢会从没有承压变成被动承受4吨体重的一大部分重力。因此，通过在进食时持续保持两足行走来减少这种压力，将有助于防止重复性应力损伤。

我认为巨型地懒的灭绝很可能与人类有关，但也不排除气候变化这个因素。地懒的繁殖速度很慢，需要很大的空间才能维持一个种群的生存，大象也是如此。地懒可用的土地面积减少，加之人类捕猎造成的死亡率上升，可能足以让它们灭绝。在我看来，与雕齿兽相比，地懒似乎更容易被杀死，地懒的皮肤随时都可能会被锋利的长矛刺穿。

正如上文讨论的，考虑到用前脚行走很难，几乎可以肯定的是，地懒无法如大象那样快速移动。而且，它们的庞大体形和拽下大树枝的声音会让它们很容易被发现，也很难摆脱捕食者。我的推测是，一旦一只巨型地懒被发现，一群手持锋利长矛的人类就可以向它的侧身发起攻击。一次攻击就可造成足够的伤害，这时人类就可以在安全距离外等着地懒因失血过多而死去。

互利共生

除了排便，树懒可以在树上做一切事情。在消耗体力且可能被捕食的风险下，树懒每周爬下树来排便一次。这样做的原因显然与树懒蛾有关，只有树懒蛾幼虫才会出现在树懒的粪便中，成虫则出现在树懒的皮毛中。树懒到达地面后，会挖一个洞，然后将粪便排在洞里。这时雌蛾就会从树懒的皮毛中钻出来，在树懒盖上粪便之前将卵产在里面。孵化出来的幼虫独享这一食物，并在粪便中完成发育过程。然后，树懒蛾成虫飞上树冠，藏身于树懒的皮毛中，从而完成生命周期。

如果树懒只是在树上排便，树懒蛾就很难找到产卵的地方，蛾的后代也会面临更多来自蜣螂等的竞争，因此树懒爬下树来帮了蛾一个忙。作为回报，蛾也帮了树懒一个忙。树懒的皮毛上会长出藻类，常常看起来像被染成绿色，树懒会将这些藻类吃掉。树懒蛾通过自己的粪便和尸体给树懒的皮毛施肥，促进藻类生长。因此，皮毛里有蛾子的树懒也有更多的藻类来补充它们的树叶食材。树懒与树懒蛾有着非常特殊的互利共生的关系。

‹ 地懒已经灭绝，但它们的树栖近亲——树懒仍然广泛分布在南美洲。

北极熊

正如我们在第一章中看到的，体形最大的动物往往是食草动物而非食肉动物。这就是为什么在本章我们目前只讨论了素食者。然而，现在我们来介绍一些真正大型的哺乳类食肉动物。我们将鳄鱼、大型蛇、和齿鲸留到后面的章节中。在此，我们重点讨论熊，然后讨论大型猫科动物。我们先来看看北极地区毛茸茸的白色巨人——北极熊。

北极熊

北极圈内分布着2万~3万头北极熊。北极熊与棕熊是近亲。异常温和的夏季，天气驱使棕熊进一步向北迁移，此时北极熊经常用于狩猎的季节性冰层还没完全形成，北极熊向南迁移以寻找替代食物，这时棕熊与北极熊会杂交繁殖。通过基因样本对比，这种杂交繁殖让我们很难确定棕熊和北极熊这两个物种是何时互相分离的。实际上，与同类的基因相比，某些棕熊与某些北极熊的基因相似程度更高。

∨ 北极熊（*Ursus maritimus*）
体重：1吨。
北极熊更喜欢捕食海豹，在海豹浮出水面换气或爬到冰面上时捕捉它们。

< 北极熊在水中很自在，能够长距离游泳。

因此有人会说，你不能真的称它们为不同的物种。不过，这两个物种在颜色、觅食行为和地域分布上完全不同，所以我们可以把它们分开来讨论。

北极熊和棕熊的一个不同之处在于，它们是否把人类当作一顿美餐！这两种熊偶尔都会杀害人类，但情况各有不同。棕熊具有领地意识，可能会攻击它们认为侵犯了其领地的任何大型物种。你也可以想象，当母棕熊觉得自己的幼崽处于危险之中时，可能会发动攻击。当棕熊被人类的食物吸引，想要进食而受到妨碍，特别是感到走投无路时，它们也可能会发动攻击。不过，一旦发现了可以逃跑的路线，它们很可能二话不说就跑掉。北极熊则不同，它们首选的猎物是海豹，但如果找不到海豹，饥肠辘辘的北极熊就会把注意力转移到任何它们能找到的食物上，其中包括人类。北极熊会主动杀害人类，而棕熊则不会。因此，北极熊对人类的大多数攻击都是致命的，它们的目的是杀死并吃掉猎物。北极熊靠偷袭狩猎。如果有只北极熊攻击你，那么你首先感觉到的可能是它和你发生了身体接触，之后死亡可能很快就会降临。由于很少有人冒险进入北极熊的生活区域，因此真正被北极熊杀死的人类也很少。

北极熊体形庞大，其中雄性的体形比雌性更大。1960年在阿拉斯加拍到的一只雄性北极熊重达1002千克，它们用后肢站立时高达3.39米。雄性北极熊的体重一般在350~450千克，体重达到600千克的也不是特别罕见。如上所述，北极熊喜欢猎食海豹，它们的消化系统似乎能够有效地处理脂肪，以至于它们经常仅食用海豹的脂肪。北极熊捕捉海豹的方法多种多样，但都要借助于冰。

海豹经常在季节性形成的北极冰层下觅食，那里的水域平静且食物丰富。然而，它们需要定期回到冰洞中呼吸。北极熊会在一个常用的冰洞旁埋伏着，它们通过声音或呼吸散发的气味来探测浮出水面的海豹，然后用巨掌拍打或潜入冰洞中捕捉海豹。有时海豹会爬到冰面上休息，它们或是在大块浮冰的边缘附近，或是在一个足够大的冰洞附近，一有北极熊靠近的迹象，海豹就能潜入水中。北极熊伪装在冰雪中，它们会耐心地、十分缓慢地试图在不被发现的情况下悄悄接近海豹，然后突然出击，希望能在海豹潜回水中之前捕获它们。雌海豹会在雪下深达数米的地方挖出一个雪巢，并在巢中产崽。有时，北极熊能通过气味和声音发现猎物，它们会尝试撞开巢穴的雪顶来捕食。据说，北极熊可以从1千米以外的地方嗅到埋在雪下1.5米深的海豹巢穴。

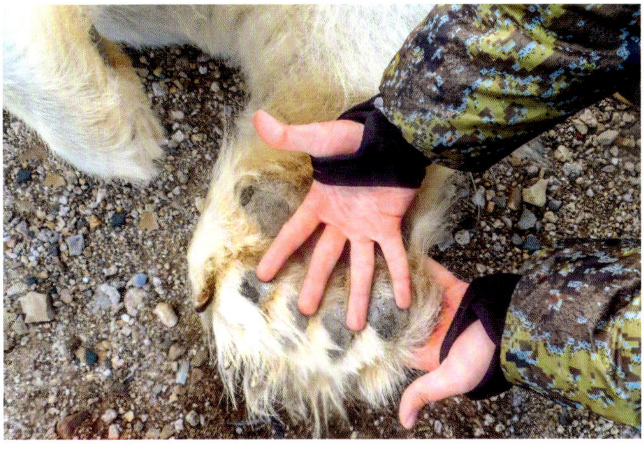

> 北极熊巨大的爪子可在游泳时当作桨、在陆地上当作雪鞋。

其他熊类

棕熊（*Ursus arctos*）是另一种巨大的陆生食肉动物，但与北极熊不同，它们具有更典型的熊类生态学特征。北美短面熊（*Arctodus simus*）和欧亚洞熊（*Ursus spelaeus*）的体形更大，但如今它们都已灭绝。

< 科迪亚克棕熊
（*Ursus arctos middendorffi*）
体重 :720 千克。
这是棕熊体形最大的亚种之一，其分布仅限于阿拉斯加附近的科迪亚克岛。在北美洲，棕熊一般被称为灰熊。

棕熊

正如我们在前面看到的，棕熊在许多方面都与北极熊非常相似，包括体形。然而，两个物种在地域分布方面却大相径庭。棕熊的栖息地种类繁多，从河口到山林，它们广泛分布于北美洲、亚洲和欧洲的近50个国家。因此，棕熊有许多亚种，其典型体形各不相同。一般来说，体形最大的棕熊是科迪亚克棕熊（*Ursus arctos middendorffi*），数量约为3500头，生活在阿拉斯加附近的科迪亚克岛上。

有记录以来最大的野生棕熊体重为752千克，它于1894年被射杀。1987年，在美国北达科他州俾斯麦的达科他动物园，一头名为克莱德的圈养棕熊死亡，它当时的体重为966千克。

< 与大多数熊一样，棕熊也是非常灵活的觅食者。它们有时食用浆果，有时在狼的猎物尸体中觅食，有时也以鱼为食——就像图片中这只熊一样。

棕熊的爪子特别擅长挖掘，土壤中的无脊椎动物、穴居动物、球茎和块茎都是它们的重要食物来源。它们还会吃各种植物和真菌，特别爱吃不同种类的水果。动物尸体是棕熊的另一个重要营养来源。它们捕食的猎物种类繁多，小到啮齿动物，大到像鹿这样的动物。棕熊的特点是饮食灵活。这可能是棕熊没有受到太多物种保护的原因，这对于大型食肉动物来说极为不寻常。

每年都会发生几起棕熊袭击人类的事件，而且往往是致命的。与北极熊不同，棕熊通常不把人类当作食物。相反，袭击的原因一般是棕熊（通常是带着幼崽的母熊）受到人类的惊吓，感到无法逃脱。避免被棕熊袭击的最好方法是穿颜色鲜艳的衣服并发出很大的声响，这样棕熊就会获得足够多的警示信号，知道有人类在附近，并能避开人所在的地方。

棕熊也会与饲养禽畜的农民发生冲突，它们认为羊和其他农场动物都是诱人的食物。传统上，在羊群中养一只狗就足以阻止棕熊，它们会明白去别处觅食更容易。毫不奇怪的是，棕熊这种灵活的觅食者也会对人类的垃圾感兴趣，并将其作为潜在的食物来源，这可能会造成滋扰和恐慌。值得庆幸的是，这是一种比较少见的行为，棕熊一般不愿意与人类打交道。在北美洲，体形小得多的美洲黑熊（*Ursus americanus*）通常比棕熊更愿意接近人类居住地。这也解释了为何在美国，黑熊造成的人类死亡的数量与体形更大的棕熊不相上下。

已灭绝的巨熊

距今80万~1.1万年的这段时期，短面熊曾广泛分布于北美洲。短面熊的遗迹表明，其平均体形大于北极熊和科迪亚克熊，其体重可达950千克。

体形最大的短面熊四肢着地时可以直视我的眼睛，后肢着地站起来时大约有3.7米高。洞穴壁上的抓痕高出地面4.6米，这似乎是其中一只巨型短面熊留下的。据我们所知，短面熊的生态学特征与适应能力很强的棕熊非常相似。

穴居熊在欧洲和亚洲一直生活到距今约2.4万年，其最大的体形可能与短面熊相似，两个物种的生态学特征也相对类似。穴居熊灭绝的原因仍不得而知，人类的迫害似乎并非主要原因。当时穴居熊栖息区域的人类数量很少，而且在洞穴壁画中也少有对穴居熊的描绘。穴居熊这个俗名源自一个事实，即穴居熊的遗骸通常在洞穴中被发现，这表明它们经常栖息于洞穴中。

可能这些相对稀缺的资源很快就被早期人类和尼安德特人独占了，这足以让穴居熊走向灭绝。但这种说法不能完全令我信服，这与穴居熊在洞穴艺术中的稀有性不符。

穴居熊（*Ursus spelaeus*）
体重：可能达到 950 千克。
作为已灭绝的体形最大的熊类之一，穴居熊的体形可能与最大的北极熊相似。

纯粹的捕食者

对人类甚至比人类大得多的动物来说，大型熊是很具杀伤力的。但它们成功的关键在于适应性，对棕熊来说，寻找水果和植物根茎与捕猎一样重要。而体形最大的纯粹捕食者是狗、猫科动物和鬣狗。狗和鬣狗根本不需要很大的体形就能对付大型猎物，它们依靠的是团队合作。然而，除了狮子，猫科动物通常都是单独狩猎的。体形最大的猫科动物是老虎（*Panthera tigris*），它们用巨大的力量捕食和我一样大或更大的猎物。猫科动物确实是一种可怕的捕食者。

老虎

在老虎亚种中，孟加拉虎（*Panthera tigris tigris*）通常被认为是体形最大的，其成年雄虎的典型体重接近200千克。在19世纪至20世纪，猎虎是一项常见的运动。因此我们有很多数据，记载着被猎杀的最大老虎的体形。纪录保持者是一只于1967年被猎杀的孟加拉虎，它的体重为389千克。老虎和狮子的体形相差不大，但似乎老虎的平均体形更大一些。在动物园里，让老虎和狮子杂交繁育曾经是一种时尚。雄狮和雌虎的杂交后代比这两个物种的任何野生个体都要大得多，它们成年后体重可达500千克。

> 狮子和老虎杂交繁育的后代曾一度风靡动物园，这主要是因为它们可以达到巨大的体形。

老虎以偷袭的方式捕猎，体重约90千克的动物是它们的目标猎物。当食物充足时，老虎宁愿放弃小型猎物，继而等待与自己体形相当或更大的猎物。老虎看上去无所畏惧，偷袭能够让它们攻击其他大型凶猛的食肉动物，包括棕熊、豹（*Panthera pardus*）、鬣狗、狼（*Canis lupus*）、大型蛇和鳄鱼。出现这种行为的部分原因在于老虎的领地意识很强，它们渴望减少在自己地盘上对猎物的竞争。它们需要对当地的情况了如指掌，知道潜在的猎物有可能经过哪些便于藏身的地方。但老虎需要一个足够大的领地，这样潜在的猎物就无法预测它们埋伏在哪里。

鉴于近代人类迫害老虎的历史，大多数老虎对人类敬而远之。不过，也有少数老虎将人类作为猎物。这些老虎通常是生病或受伤，它们不够强壮和敏捷，无法捕获那些平常喜欢的猎物。然而，蓄意以人类为目标的捕猎并不完全局限于虚弱的老虎或狮子。人类活动往往会减少该地区大型野生动物（即潜在猎物）的数量，这可

老虎（*Panthera tigris*）
体重：至少300千克。
老虎又长又锋利的犬牙可以刺穿任何动物的皮毛。

老虎通常专门捕食体形大的猎物，比如这只不幸的鹿。

^ 在老虎的分布区域狩猎曾经是一项时尚运动。

能会让老虎更倾向于蓄意捕杀人类。有些猫科动物看起来确实是以人类为食的，在某一特定区域，有些猫科动物对人类的攻击会异常频繁，直到被射杀。这与猫科动物喜爱捕食人类关系不大，更多的是因为它们掌握了捕猎技巧和地点。

老虎的数量已经急剧下降。一个原因是人类导致的死亡，人类要么是为了体育运动、为了满足传统医药的需求，要么是担心自身及所养禽畜会身处危险之中。另一个原因是老虎对栖息地的要求极高。每只老虎都需要一个很大的领地，至少要约20平方千米，其中要有大型猎物，有合适的植被提供掩护，有淡水和可供窝藏和休息的地方。

人类的侵占让符合这些条件的区域越来越少。据估算，在过去的100年中，老虎的分布范围缩小了93%，数量也从10万只下降到3000~4000只。更糟糕的是，这个种群已经支离破碎，没有一个亚种群的繁殖个体超过250只，有些亚种群的繁殖个体甚至更少。现今，在动物园里圈养的老虎可能比野生的要多。然而，由于老虎的重要地位，我们投入了大量资金用于该物种的保护，老虎的数量有希望因此而趋于稳定（尽管现在仍处于危险的低位）。我们需要持续投资来保护老虎，如果我们眼看着这个雄伟的巨人逐渐灭绝，那么这将是一个悲剧。

^ 狮子（*Panthera leo*）
体重：达 250 千克。
狮群中雄性霸主——狮王的生活少有平静，其他雄性经常会挑战它的地位。

狮子

我们上文读到的关于老虎的内容，其中大部分也基本适用于狮子。狮子与老虎最大的区别在于它们的群居性。狮群的规模各不相同，由3~20头成年狮组成，其中性别的比例也各不一样，但一般雌性会偏多。狮群通常占有一块划分明确的领地，但也有一些狮子（通常是年幼或极为年长的雄狮）独自或结伴过着游牧生活。

在觅食方面，群居带来的明显代价是必须分享猎物。如果狮王在捕猎中没有尽心尽力，但仍希望优先选取捕获的猎物，那么这就令其他狮子不快。由于狮王会保护幼崽免受其他雄性的伤害——幼崽很可能是狮王的后代，因此雌狮通常能忍受狮王优先选取捕获的猎物。如果狮王的地位被其他雄性篡夺，那么这个篡位者很有可能会杀死幼崽。因为幼崽与它毫无关系，所以篡位者宁愿雌狮将精力专注于与自己繁育后代上。

群居的优势是，对于单个狮子来说，过于敏捷或过于强壮的猎物，通过团队协作能够成功将其捕获。此外，群居有一定的保险作用，受伤的老虎可能没办法获得食物，而狮群中受伤的狮子可以在康复期间分享其他成员捕获的猎物，而受伤的独居动物则难以获得食物。狮子的群居性还意味着它们对栖息地的要求没有那么苛刻。老虎和狮子都会伏击猎物，但老虎需要非常接近猎物。而狮子则不太需要，如果目标猎物发现了一头狮子想要逃离，那么很可能会撞上另一头狮子的下巴。成群结队更容易抵御鬣狗和其他潜在食腐动物的攻击。

‹ 狮群合作捕猎。

‹ 比起单独作战，团队协作能让狮子捕获更多的猎物，但这也意味着必须共享“战利品”。

剑齿虎

已灭绝的巨型猫科动物的体形并不比现存的狮子和老虎大很多，美洲拟狮（*Panthera leo atrox*）和洞穴狮（*Panthera spelaea*）的体形可能大10%~25%。正如我们所看到的，狮子和老虎需要巨大的栖息地，这样才能有足够的猎物来满足它们的进食需求。而且，从第一章中我们知道了为什么大型食肉动物的种群密度极低。因此，对于这些巨型猫科动物的祖先来说，除了为捕获巨型猎物，它们几乎没有动力长得更大。虽然近代的巨型食草动物通常比现存的要多，但这些食草动物本身也生活在低密度种群中。正如老虎和狮子能够成功捕获体形巨大的猎物一样，对于猫科动物的祖先来说，要进化到比现存巨型猫科动物的体形大很多似乎并没有很多优势。捕食性哺乳动物已经分别进化了至少七次的一个特征，就是它们巨大的犬齿。

最有名的剑齿虎类群属于刃齿虎属，其中南美洲剑齿虎可能是体形最大的成员，体重可能达到400千克，犬齿长28厘米。这种牙齿很有可能把骨头咬断，但一般来说，没什么用处，在想要食用小型猎物时甚至会有点碍事。

因此，人们认为剑齿虎擅长捕食大型猎物。通常，剑齿虎的嘴部可以张到很大，从而能够直接将牙齿刺入猎物的颈部深处，同时它们用强壮的前肢按住猎物，以便精准地咬住要害。今天我们已经看不到剑齿虎，在过去的2.5万年间，大型动物的数量已急剧减少，我不会重复我所认为的原因！

‹ 剑齿可对体形巨大的猎物造成极大的伤害，似乎是捕猎的理想工具。

被遗忘的水生哺乳动物

如果我让你说出一种从不离水的水生哺乳动物，那么你可能会想到鲸或海豚，我们将在下一章介绍它们。但是，还有一类完全不相关的哺乳动物，它们不得不回到水中生存。那就是海牛，海牛是大象现存最近的亲戚。

儒艮（*Dugong dugon*）
体重：达 1.5 吨。
注意这头儒艮身上的大面积疤痕——它们经常在靠近人类的浅水区觅食，因此常常会被渔网缠住、被船只撞伤。

现存的海牛

现存的海牛有儒艮（*Dugong dugon*）和三种海牛（海牛属）之分，它们都是生活在河流、沼泽、湿地和沿海地区的食草哺乳动物。海牛的体长可达4米，体重可达1500千克。海牛的草食性与鲸、海豚、海豹和海狮的肉食性截然不同。与鲸和海豚一样，它们已进化到终生生活在水中，从不涉足陆地。然而，与鲸和海豚不同的是，我们对海牛从陆生哺乳动物进化成完全在水中生活的物种的过程已经有了相当清楚的了解。5000万年前，现存海牛的陆生祖先在沼泽地区觅食，之后逐渐变得越来越擅长游泳，并以淡水植物为食。直到4000万年前，它们才完全进化成水生动物。

现今，海牛栖息在浅水区也并不奇怪，那里是水生植物生长茂盛的地方（深水区太暗，植物无法进行光合作用）。尽管海牛以营养丰富的植物为食，但它们所选的植物坚韧且富含纤维。与海豚和鲸的肉食性食物相比，植物的能量含量较低，因此海牛必须花费大量时间进食。作为哺乳动物，这对海牛来说是个问题，它们必须浮出水面呼吸。为了应对这一问题，在新陈代谢率低的情况下，它们不需要频繁呼吸。而且海牛会尽可能在浅水中觅食，这样只需抬起头吸一口气，就能迅速返回水中进食。海牛骨骼密度是哺乳动物中最高的，因此它们能够在水底休息，无须消耗能量来防止自己不断上浮。由于新陈代谢缓慢，海牛喜欢温暖的水域也就不足为奇。

现存海牛的习性

西印度海牛遍布加勒比海区域，在美国东海岸附近也能找到它们的踪迹。近几十年来，西印度海牛在冬季会聚集在核电站的外流水域，它们可以在核反应堆的冷却水中游泳。

对西印度海牛来说，不幸的是，这些核电站即将关闭，取而代之的是效率更高的核电站。而新核电站不会产生旧核电站的那种废热，因此对海牛的吸引力也会大大降低。尽管有些科学家担心海牛可能已经依赖上这些冬季的“庇护所”，但我的猜测是，它们将适应没有“庇护所”的日子，在冬季往更远的南方迁徙。海牛的寿命很长，大概能够活到六十岁。因此，核电站只存在了几代海牛的时间，它们以前的自然行为不太可能在种群中完全消失。

亚马孙海牛（*Trichechus inunguis*）完全生活在亚马孙河流域，随着西部汇水区山丘上分明的雨季，该水域会经历急剧的季节性扩张与收缩。这意味着有些亚马孙海牛在旱季时只能在一个小小的内陆河中度过，几乎没有食物可吃。由于新陈代谢率低，这些海牛可以靠储存的脂肪生存。水位一旦再次回升，海牛就可以逃出小湖、进入更广阔的流域。

非洲海牛（*Trichechus senegalensis*）生活在非洲西海岸的河口和沿海水域。与所有海牛一样，非洲海牛与一些强大的捕食者（最明显的是鳄鱼和鲨鱼）栖息在一起，但针对成年海牛的捕食行为似乎非常少，甚至不存在。这必须归因于非洲海牛的巨大体形，也许还因为它们能用尾巴强力击打攻击者。捕食幼年海牛也许比较容易，但这一点仍有待详细考证。

儒艮分布在印度洋沿岸和太平洋西部边缘地带。我们从未在河流中发现过儒艮，它们在整个分布区域完全是海洋生物。对儒艮的研究表明，这类海牛并不像最初认为的那样是严格的食草动物。它们肯定以食草为主，但一有机会也会吃无脊椎动物，甚至会从捕鱼的渔网里偷鱼食用。

< 西印度海牛（*Trichechus manatus*）
体重：达 1.6 吨。
西印度海牛行动缓慢、性格温顺，潜水员经常可以近距离观察这些庞然大物。

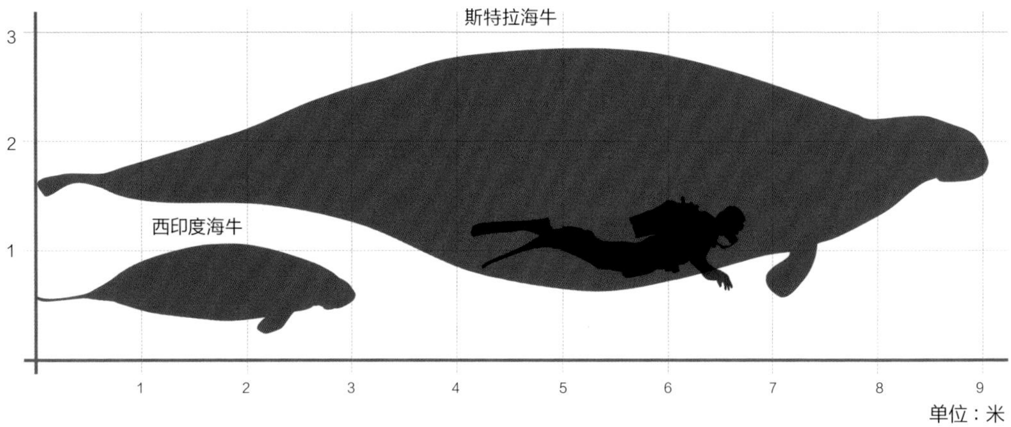

^ 西印度海牛和斯特拉海牛体形对比。

濒危物种

正如你所预料的那样，海牛生活在沿海、河口和河流附近，这让它们能够近距离接触人类。而人类捕杀各类海牛是为了获取海牛的肉、油、骨头（药用）和厚皮（用于衣服和鞋子）。海牛行动缓慢，通常好奇心强，因此极易捕捉。海牛的这些特点意味着，它们很容易受到船只的撞击，这也是海牛（尤其是西印度海牛）死亡和受伤的主要原因。并且，海牛的栖息地容易受到沿海开发和污染的影响。在世界各地的一些动物园里也能看到海牛，但它们既不是最容易饲养的动物，也不是最吸引游客的动物。观赏这些巨人的最佳方式是到它们自然生长的区域浮潜。海牛可能很好奇，但它们从未对附近的人类表现出任何攻击性。

斯特拉海牛

斯特拉海牛（*Hydrodamalis gigas*）于1741年被发现，1768年灭绝。它是已知的最大的海牛，体长达9米，体重在8~10吨。与现存的亲缘物种完全不同，斯特拉海牛专门生活在冷水域，它们分布在俄罗斯与阿拉斯加之间的指挥官群岛附近水域。后来发现的骨骼表明，该物种曾分布于更广泛的栖息区域，但科学家并不清楚它们分布的范围究竟有多广以及是什么导致它们后来集中在指挥官群岛附近的。

斯特拉海牛的巨大体形可以看作是为了适应在冷水域生活，它们缩小了自身表面积与体积的比。相对较厚的脂肪层进一步减少了热量的散失，同时给海牛提供了浮力，让它们能够在海面及其附近区域进食海藻叶片。水手们很容易捕捉这些行动缓慢、在海面觅食的海牛。据说，海牛肉的保鲜期出奇的长，这可能源于它们食用的海藻中含有大量盐分。据估计，斯特拉海牛被发现时大约有1500头。然而，在世界上一个普遍贫瘠的地区，关于海牛很容易捕捉、能够补充船舶食物供应的消息传播得很快。因此，斯特拉海牛在很短的时间内就消失殆尽。如今，各种博物馆中只剩下大概30具近乎完整的斯特拉海牛骨架和70个头骨。除此之外，还藏有德国博物学家格奥尔格·斯特拉（Georg Steller，1709—1756）关于该物种的原始报告，其中包括了对其解剖、行为和味道方面的描述。

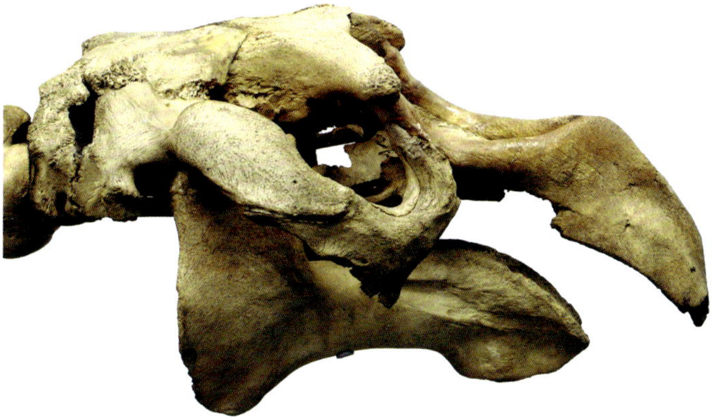

^ 斯特拉海牛（*Hydrodamalis gigas*）
体重：可能达到10吨。
斯特拉海牛的鼻子朝下（与它们现存的近亲一样），这有助于从底层抓取和拉出海藻。

斯特拉与白令

维他斯·白令（Vitus Bering，1681—1741）出生于丹麦，是一位海军军官和探险家。1741年，他带着德国博物学家格奥尔格·斯特拉一起远航，探索亚洲大陆和美洲大陆之间的地理环境。斯特拉既是探险队的科学家，也是医生。然而，回国途中并不顺利，他们的船在后来被称为白令海的地方因风暴而搁浅，许多人丧生，包括白令本人。生还的人确定，他们其实是在一个岛上（后来被称为白令岛），能够走出去的可能性为零，能被途经者发现的机会也很小。最终，他们用旧船的残骸打造了一艘新船，驶回了家乡。

在岛上的几个月里，斯特拉对岛上的野生动物做了详尽的记录，其中包括我们仅有的关于斯特拉海牛的观察记录。遭遇海难的水手们是第一批捕获并食用这种动物的非土著人，长途航行之后，水手们的身体已经非常虚弱，这很可能是水手们得以幸存的关键因素。生还的水手们返回家乡后，关于白令岛及其食物供应等消息，引起在这片水域航行的水手们的强烈兴趣，其中很多人是从事毛皮贸易的。

与此同时，斯特拉遍游了亚洲大陆最东边的沿海地区，并对那里的原住民进行了研究。斯特拉不满俄罗斯政府对待这些原住民的态度，因此不受政府欢迎，还险些因煽动叛乱入狱，在侥幸逃脱后不久便离世。斯特拉的自然观察报告于其去世后出版，除海牛外，松鸦、海雕、海狮和绒鸭都以斯特拉的名字命名。斯特拉还在白令岛发现了已知最大的鸬鹚：眼镜鸬鹚或白令鸬（*Phalacrocorax perspicillatus*）。这种鸬鹚被描述为不能飞或几乎不能飞，而且好吃。毫不奇怪的是，白令鸬很快就遭遇了和海牛同样的命运。

^ 从斯特拉海牛的 30 多具完整骨骼，以及其现存亲缘物种间普遍存在的形态相似性，科学家推测出斯特拉海牛存活时的模样。

第四章　深海巨人

在第一章中，我们看到水的浮力如何大幅降低了支撑更大质量的成本，因此海洋是寻找巨兽的好地方也就不足为奇了。蓝鲸不仅是当今世界上最大的动物，据我们所知，它们还是有史以来最大的动物。不过，也有一些令人叹为观止的大型鱼类，并且现存最大的爬行动物也是游弋在海中的。但在这一章中，我们将重点介绍比这些巨兽更大的祖先，将现存海龟和鳄鱼留到第八章。

温柔的巨人

鲨鱼有着令人闻风丧胆的名声，但最大的鲨鱼却对人类无害。

鲨鱼中最大的成员并不是真正意义上的捕食者，它们会过滤大量的海水，筛选出微小的生物和鱼卵食用。虽说捕食者的体形应该大到足以压制猎物，但也不能太大，否则猎物就能用谋略逃脱。相对于食物颗粒来说，滤食动物并没有体形上的限制。其实，体形大会带来益处，比如可以震慑潜在的捕食者。

像鲸一样庞大的鲨鱼——鲸鲨

鲸鲨（*Rhincodon typus*）已在地球的温暖水域游弋了6000万年。这些温柔的巨兽在漫游时张着巨大的嘴，将大量海水带入口腔，随后从脖颈周围长长的鳃裂排出。

所有鱼类都有鳃，这一器官的作用是从水中吸取氧气。通常，鳃的前部有一个过滤装置，用来过滤水中可能存在的伤害性物质。由此，很容易想象鲸鲨的鳃是如何通过进化的。鲸鲨的鳃能够非常高效地获取水中几乎所有的悬浮物质。在清澈的海洋中，几乎万物都是可供食用的材料。每隔一段时间，堆积在过滤装置上的物质会随着咳嗽或其他动作被抖落下来，然后被吞进腹中。如果鲸鲨身处一个食材特别丰富的海域，那么它们甚至不需要游动就可以获得食物——它们保持原地不动，只需通过反复吸入大量的海水即可进食。被鲸鲨吸走的海水会由周围的海水和新的食物补充回来。

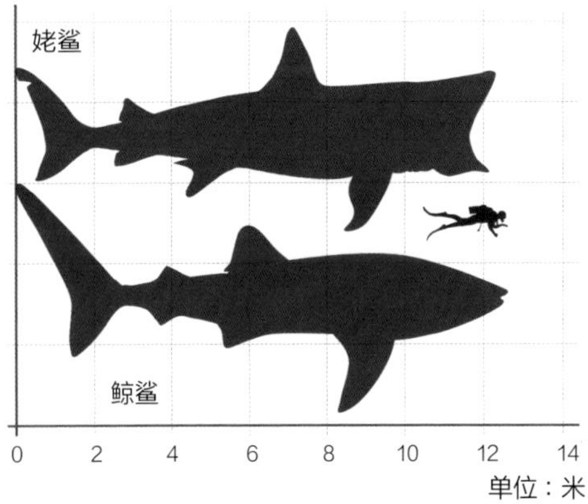

^ 姥鲨和鲸鲨体形对比。

鲸鲨的体形巨大。据可靠测量，最大的鲸鲨长达12.6米，大约相当于将三辆家用轿车首尾相连的长度；体重为21.5吨，超过15辆家用轿车的总重。这些仁慈的庞然大物可能出现在赤道暖

水域的任何地方，不过鲸鲨似乎大多生活在近海。

倘若潜水员真的遇到一头鲸鲨，记住鲸鲨幼崽会对潜水员产生兴趣，但不会伤害潜水员。体形较大的鲸鲨即使在潜水员靠得很近时一般也会视而不见。

姥鲨

姥鲨（*Cetorhinus maximus*）是世界上第二大的鱼类。它们在形态和生活方式上与鲸鲨大致相似，但两者并非近亲。姥鲨和鲸鲨在海洋中的生存区域不同，鲸鲨坚守在赤道附近的暖水域，姥鲨则生活在较凉爽的温带水域。1851年，一些渔民在加拿大附近发现了体形

^ 鲸鲨（*Rhincodon typus*）
体长：达 12.6 米。
这条鲸鲨在海面附近游弋时，被满满一网的鱼吸引。这为潜水员提供了绝佳的拍摄机会。

∨ 姥鲨（*Cetorhinus maximus*）
体长：达 12.3 米。
姥鲨喜欢在海岸附近的上层水域活动，它们游得很慢，非常温顺，因此比较容易被拍摄记录。

最大的姥鲨，它体长12.3米，体重16吨。遗憾的是，近年来，很少发现超过8米长的姥鲨。

长期以来，人们一直在猎杀姥鲨，以获取鱼油和鱼皮。姥鲨曾是一个很具吸引力的目标猎物，在过去比较常见，性情温和、行动缓慢，既喜欢在表层水域活动，也喜欢在近岸水域活动。现在，人们基本已经停止捕杀姥鲨来获取鱼油和鱼皮。但在亚洲部分地区，因被当作鱼翅汤和传统药物的原料，姥鲨仍然很受欢迎。

即使猎捕量减少，姥鲨仍然很容易被渔网意外捕获，因为吸引姥鲨的富饶水域也可能吸引渔民前来捕获一些浅滩鱼类。姥鲨行动缓慢，愿意在河口甚至港口觅食，因此也容易受到船只的撞击。然而，姥鲨的这些特点，带来的并非都是消极的事情。姥鲨作为一种极具吸引力的目标鱼种，使它们成为生态旅游的一张王牌，这有可能为姥鲨的物种保护提供额外的经济激励。

姥鲨是一种非常简单的巨兽。与鲸鲨不同，姥鲨不能主动将海水注入口中，因此必须依靠向前游动来觅食。相比体形来说，姥鲨的大脑特别小，这在很大程度上归因于姥鲨简单的生活方式。卫星标记显示，姥鲨擅长寻找海洋中最富饶的水域，这往往需要长途跋涉。虽然姥鲨大部分时间都是独自活动，但在夏季，它们会聚集在富饶的水域，这时它们会表现出社交行为。因此，虽然姥鲨可能头脑简单，但它们还是过着丰富多彩的生活。

巨口鲨

巨口鲨（*Megachasma pelagios*）是另一种巨型滤食性鲨鱼，体形比姥鲨和鲸鲨都要小一些，与这两种鲨鱼的亲缘关系也很远，但是巨口鲨与姥鲨、鲸鲨的解剖结构和生活方式大体相似。同样，巨口鲨也在海洋中开辟了自己的水域，鲸鲨和姥鲨在表层水域觅食，巨口鲨则生活在较深的水域。这就解释了为什么这种体长5米以上、体重超过900千克的海中巨兽之前一直没有被发现。直到1976年，一条巨口鲨被美国军舰的锚链缠住，才得以被发现。这条巨口鲨体长4.5米，体重750千克。自那之后，无意中捕获或发现的巨口鲨仅有50多条。正如我们将在第九章看到的，光合作用只发生在表层水域，因此深海中的食物较少。出于这种原因，巨口鲨非常注重节省体力，它们的游泳速度只有2千米/时，比人类步行的平均速度还慢。然而，巨口鲨用其他特征弥补了速度上的不足，它们的巨口周围长着许多能够发光的器官，小型猎物很可能会被这些光源吸引，但这一点以及巨口鲨的许多生物学特征仍有待考证。

> 巨口鲨（*Megachasma pelagios*）
体长：5 米。
因为这类巨兽生活在黑暗的深海水域，所以它们的照片非常罕见。

∨ 蝠鲼经常成群出没，它们可以通过合作更有效地将猎物围成一个密集的球状。

创纪录的鳐鱼

与鲨鱼亲缘关系最近的是鳐鱼，而鳐鱼中体形最大的是蝠鲼，它们以海洋中的小型浮游生物为食。鳐鱼的捕食方式与前面讨论过的巨型鲨鱼略有不同，这并不奇怪，因为它们的身体构造完全不同。蝠鲼也是滤食性动物，但它们经常环绕着一大块水域懒散地游动，以便把猎物聚集在这个区域。蝠鲼利用像翅膀一样巨大的胸鳍产生的水流将鱼群聚集在一起，一旦蝠鲼发现一簇密集的猎物，它们就会迅速前往，并在鱼群游走之前将它们吸入口中。双吻前口蝠鲼（*Manta birostris*）是蝠鲼科中体形较大的种类，体宽可达7米，体长约为3米，体重约1350千克。

^ 双吻前口蝠鲼（*Manta birostris*）
体宽：7 米。
与许多巨型鱼类一样，这种鳐鱼吸引了一群小型鱼跟随。它们跟着鳐鱼，不仅能让自己免受捕食者的伤害，还能在鳐鱼边吃边掉时轻易获得食物。

滤食性动物

滤食性巨兽的历史由来已久。在恐龙时代，似乎已经出现了大型滤食性鲨鱼和硬骨鱼，尽管迄今为止发现的这些物种都没有现存的巨型鱼类那么大。我们知道已经灭绝的滤食性鲨鱼的原因相当奇怪。在此描述的所有现存的大型滤食性动物都是独立于其食肉的祖先进化而来的。由于改用滤食，滤食性鲨鱼不再需要牙齿。通过自然选择，滤食性鲨鱼的牙齿并没有被完全淘汰，但它们比食肉鲨鱼的牙齿要小得多，也远没有那么规则。所有鲨鱼的牙齿都只能维持几个月，之后就会脱落并替换成新牙（这就是为什么一条鲨鱼的嘴里似乎长满了奇形怪状又混乱的牙齿）。我们因而拥有了史前物种牙齿化石的丰富记录。像滤食性鲨鱼口中发现的那些小而不规则的牙齿，在其他任何种类鲨鱼的口中是没有的，因此我们了解到滤食性鲨鱼已经存在了很长时间。

蓝鲸

鲸分为两大类：须鲸和齿鲸。须鲸从海水中筛取小的食物颗粒，与前面讨论的巨型鲨鱼很像；而齿鲸则是捕食者，善于捕获体形相对较大的猎物。

在对这些鲸进行整体性的介绍之前，我们先来看看其中最大的鲸——蓝鲸（*Balaenoptera musculus*）。

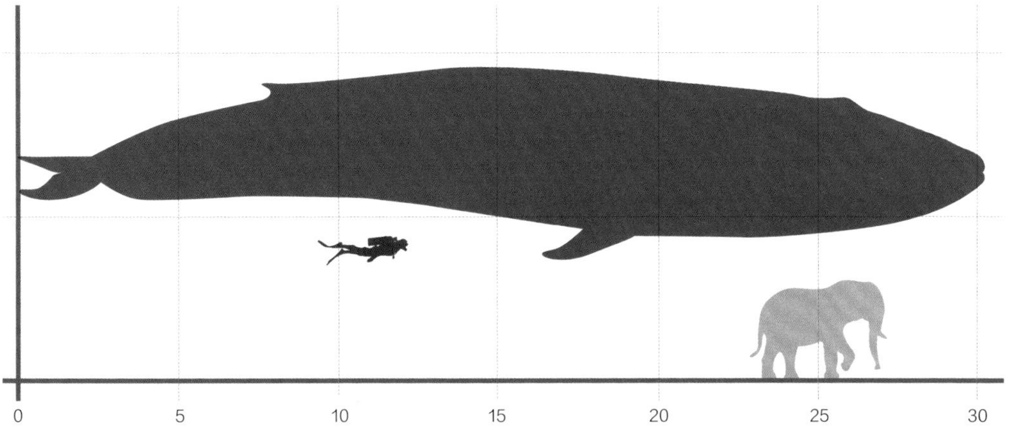

^ 蓝鲸巨大的体形。

巨人中的巨人

蓝鲸是一种巨型须鲸，在很多方面都打破了纪录。首先，它们是当今地球上最大的动物，据我们所知，它们也是有史以来最大的动物。20世纪出现的工业化大规模捕鲸带来的一个（很小的）好处是，我们了解到最大的蓝鲸能够有多大。科学家测量到的最长的蓝鲸为30米，但有一些权威测量结果甚至比这个数字还大，包括一头体长33.6米的蓝鲸。如果把一排家用轿车首尾相连，那么最大的蓝鲸相当于8辆车的总长。

估算蓝鲸的体重有点麻烦。大多数资料引用的数字是200吨，相当于145辆家用轿车的总质量。但出于种种原因，这只是个大致的估算。首先，蓝鲸在春夏两季大量进食。因此，在春季开始时，一头蓝鲸的体重可能在140吨，但到了夏末，蓝鲸的身体中储存了足够的脂肪用于过冬，于是它们的体重会增加50%，达到210吨。其次，没有足够大的仪器能够给一头活着的、完全成年的蓝鲸称重。任何尝试给蓝鲸称重的方式，都是将它们切成小块，称量各个部分的质量，合计这些质量，然后再加上称量过程中损失的血液和体液的估值。一个复杂的问题是，并没有给那头测量到的最长的鲸称重。

因此，很可能存在或曾经存在过体重超过200吨的蓝鲸，但可能没有重达225吨的蓝鲸。我们可能永远无法得到一个更确切的估算数据，只是知道蓝鲸是史上最重的动物。

∨ 蓝鲸（*Balaenoptera musculus*）
体长：30 米。
不同于鲨鱼，鲸必须浮出水面呼吸。

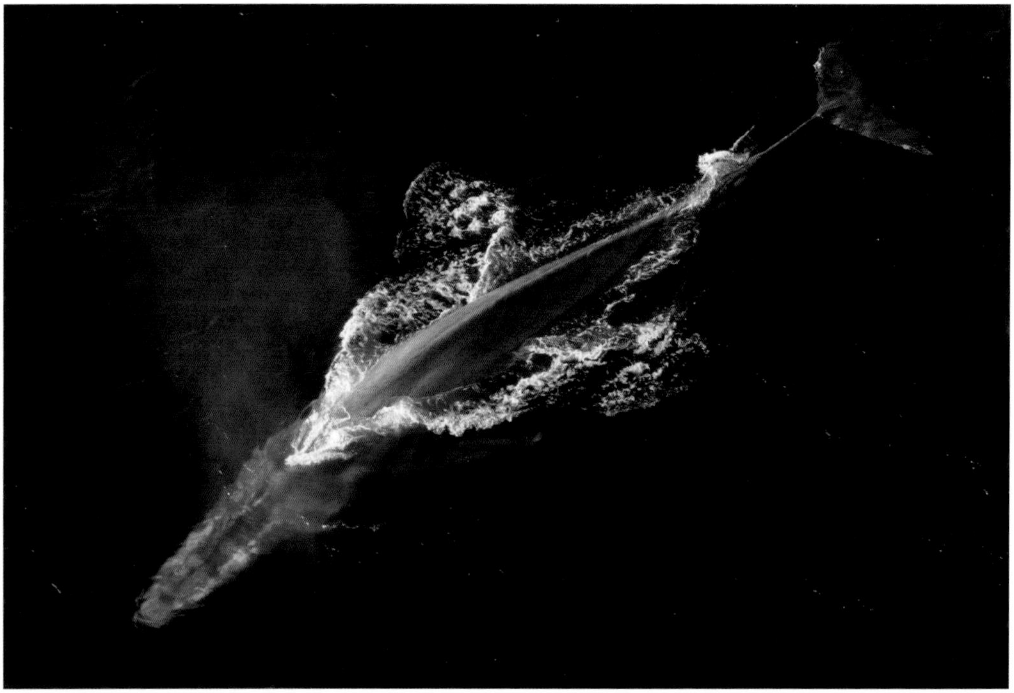

^ 一头灰鲸（*Eschrichtius robustus*）裸露出来的生殖器。灰鲸是另一种巨型须鲸，最大的灰鲸体长可达 15 米。

多项破纪录者

蓝鲸打破的纪录不仅限于其巨大的体形，这种动物的各个部位都相当令人惊叹。据估计，最大的蓝鲸一次可以在嘴中容纳90吨水（可能还有食物），这相当于一个人每天盆浴且持续3个月的总水量。

蓝鲸需要一条巨大的舌头来舔食鲸须上的食物，它们的舌头重约2700千克，相当于一个成年男子体重的约34倍。蓝鲸的心脏重约180千克，但它们大脑的质量不到7千克。遗憾的是，人们常说的“你可以在蓝鲸的大动脉中游泳”并不准确，蓝鲸很大，但也没有那么大。据说蓝鲸的生殖器是动物中最大的，长240~300厘米。

蓝鲸的妊娠期是10~12个月。蓝鲸幼崽出生时的体重约为2700千克，相当于一头完全成年的河马的体重。之后，体重每天会增加多达90千克。在出生6个月断奶时，幼鲸的体长会增加1倍。

人类母乳含有5%的脂肪、1%的蛋白质和7%的碳水化合物，热值约为315焦耳/千克。相比之下，蓝鲸的乳汁中有约40%的脂肪、15%的蛋白质，热值为3440焦耳/千克。蓝鲸幼崽每天可能要喝400~600升鲸奶，而健康的人类婴儿每天只喝约1升母乳。

侥幸脱险

蓝鲸是速度最快的鲸类之一，再加上它们的体形和力量，意味着蓝鲸一直被捕鲸者忽视，直到更易捕获的鲸变得稀少。捕鲸者发现渔叉枪要变得更有威力、渔船要变得更大更快才能捕获蓝鲸。捕猎蓝鲸的行动于1880年左右正式开始，到1945年，蓝鲸的数量已经严重减少。

要估算全球海洋中任何种类鲸的现存数量，需要进行大量的推测；而要估算在捕鲸活动开始前鲸的数量，那甚至涉及更多的推测。由于记录要么没有保存，要么就丢失了，因此我们甚至不知道捕获了多少头鲸。而且，自1945年开始逐步限制捕鲸后，捕获鲸的数据被伪造，或秘密进行捕鲸行动。尽管如此，一般认为在捕鲸活动开始前，蓝鲸的数量为21万~31万头。其中95%的蓝鲸可能集中在南极洲附近，而捕鲸者正是专以这一集中区域为目标。记录显示，仅在1930—1931年的夏天，捕鲸者在南极捕获了约3万头蓝鲸。如今，全球蓝鲸的数量为1万~2.5万头。

鉴于商业捕鲸的可怕规模，神奇的是，人类竟然没有让任何鲸物种灭绝。这既证明了海洋之广阔，也证明了经营捕鲸业务的成本之高。较小的种群无法吸引捕鲸者的注意，对于最大的南极种群来说，一旦捕获量下降到一定水平以下，捕鲸就不再具有经济利益。可悲的是，正是由于这个原因，而非出于公众要求对鲸实施保护措施的压力，鲸才得以存活。

然而，这属于侥幸脱险。据估计，南极洲附近最大的蓝鲸种群从至少20万头减少到20世纪70年代的不足400头。

‹ 图中描绘的是帆船时代的捕鲸活动，当时人们从小型敞篷船上徒手投掷渔叉来攻击鲸。这种捕鲸方式对于捕鲸者来说非常危险，且往往导致鲸长期遭受痛苦。

^ 在法罗群岛，当地人仍在捕杀蓝鲸作为食物。

^ 如今，许多以前受到迫害的鲸物种的数量正在回升。

数量反弹

1966年禁止商业捕鲸之后，蓝鲸的数量确有增加。蓝鲸唯一的捕食者可能是虎鲸（*Orcinus orca*），但虎鲸通常会选择更易捕获的猎物。船只撞击和被渔具缠住是许多鲸面临的问题，但由于蓝鲸游得比较快，船只撞击对蓝鲸来说不是大问题。然而，对整个海洋生物（尤其是鲸）来说，海洋中的声呐和其他人为产生的噪声能产生多少不利影响，我们知之甚少。显然，大型哺乳动物需要大量进食，蓝鲸大部分的进食都发生在夏季富饶的极地水域。因此，气候变化很容易影响海洋的生产力，从而对海洋巨兽们造成影响。

要领略蓝鲸的雄伟壮观还是比较容易的，世界各地的许多博物馆和其他相关机构都陈列着蓝鲸的骨架、与实物一样大小的模型，甚至是填充标本，搁浅蓝鲸的骸骨往往被布置成永久的纪念碑。在苏格兰的刘易斯岛，主干道旁有一座拱门，是用1920年搁浅于此地的蓝鲸的下颌骨制成的。

富饶的极地水域

似乎有些奇怪的是，极地海洋实际上比热带海洋更富饶多产，也就是说，单位面积能够产生更多的生物量。毕竟，我们习惯性地认为，气温越高越有利于生物生长，而且我们肯定知道高纬度地区的冬季非常缺少阳光。然而，在春季和初夏，极地水域的生产力绝对是惊人的。

主要问题在于营养物质，尤其是氮。在温暖的天气里，海洋的表层水域会升温，而表层水域与深层海水之间的流动很少，因为表层水域的密度稍低。海洋上层有足够的阳光来促进光合作用，但生物的生长不仅需要光合作用产生的碳水化合物。例如，制造蛋白质需要氮。植物从土壤中获取氮，而浮游植物则从周围的海水中吸收氮。然而，表层水域中的氮很快就会被生长中的生物耗尽。这些生物死后一般会沉入深海，在那里它们可能会被分解，它们的一些化学成分回到水中。因此，在夏季，通常是温暖、少氮的海水在上层，较冷、富含氮的海水在下层。因此，光合作用受到表层水域缺氮、深层水域缺光的限制。

热带地区全年都是如此，但在靠近极地的冬季，表层海水变冷，从而让表层和深层的海水更容易混合起来。频繁的风暴也会搅动海水，从而进一步促进不同层次海水的混合。结果就是，在极地水域，表层水域的氮存储在冬季得到了补充，尽管冬季光线很暗，无法进行光合作用。但到了春天，光照充沛，氮储量充足，光合作用也随之旺盛起来，海水中满是生机，这就是通常所说的春季浮游生物大量繁殖。而热带地区永远不会发生这种情况，那里的表层水域永久性的缺氮，限制了生物的生长速度。

须鲸类巨兽

现存的须鲸有 15 种，体形都非常大。正如我们所见，蓝鲸是最大的鲸类，但长须鲸（*Balaenoptera physalus*）也不遑多让，它们体长可以长到至少 26 米，或者 27 米。长须鲸与蓝鲸是近亲，在 150 万年前，两个物种才被分离出来。并且蓝鲸与长须鲸有时似乎杂交繁殖。即使是最小的须鲸——侏露脊鲸（*Caperea marginata*），也能够达到体长 3.5 米，体重 3.5 吨。在陆生动物中，只有大象的体重超过了这群海洋巨兽中最小成员的体重。

有关滤食的事实

鲸的祖先是食肉动物，它们捕食体形巨大的猎物，且主要依靠它们的牙齿。有些鲸开始将大量海水连带其中的小型猎物吞入口中，它们用牙齿和闭拢的嘴唇过滤食物，再将海水从嘴边吐出，以此来补充进食。随着这种进食方式变得越来越重要，这些鲸的口腔内部形态也发生了进化，包括长出了由角蛋白形成的一系列平行排列的纤维状鲸须，让它们筛取食物的过程更加高效。角蛋白是一种常见的天然

> 长须鲸（*Balaenoptera physalus*）
体长：26 米。
长须鲸平滑、流线型的身体常常让它们移动的速度超过早期捕鲸船的速度，但 20 世纪工业化捕鲸规模的扩大，导致长须鲸的数量急剧下降。

材料，在哺乳动物的毛发、爪子、角和蹄中可以找到。最终，鲸用鲸须过滤食物更加专业，并且完全放弃了用牙齿捕食的传统方式。大约3500万年前，须鲸从齿鲸中分离出来。

须鲸在滤食过程中会使用两种技术：跃进式捕食和滤食式捕食，大多数鲸都只擅长其中一种。滤食式捕食法是指张开嘴游动，比如露脊鲸会用这种方法。水和悬浮的食物被冲入口中，然后鲸向前运动产生的压力将水从口中挤出。在此过程中，水被推进鲸须，食物颗粒被保留下来。这种捕捉小型猎物的方式非常巧妙，这些小猎物几乎无法逃脱迎面而来的血盆大口。

捕食体形稍大的猎物时，由于这些猎物可能会逃离向自己游来的捕食者，因此使用跃进式捕食法效果更好。跃进式捕食者会围着食物转圈，把食物汇聚成一个更紧密的球状，或者锁定在一个已经自然聚成球状的群体上。无论哪种方式，它们需要以极快的速度向球状物游过去，让球内的猎物来不及反应。然后在最后一刻，鲸张开它们的血盆大口进食。由于头部侧面有褶皱，鲸能将嘴张开到很大的幅度。

鲸可以把嘴张开，这样嘴的容积就会大于嘴闭合时的容积，从而能够吞没聚成一团的猎物群以及周围的海水。之后，鲸通过鲸须将水筛出再从嘴边排出，接下来把猎物从鲸须上舔下来并吞食掉。蓝鲸用这种方式捕食它们最喜欢的猎物——磷虾，一种1~2厘米长的小型甲壳纲动物。

须鲸一般在极地水域觅食，它们大部分的捕食活动都在春天和夏初进行，那时极地水域的生物量最高。然后，须鲸通常会在冬季迁移到温暖的水域。这可能是因为冬季低纬度水域比极地水域食物更丰富；也可能是因为低纬度水域能让须鲸暂时免受虎鲸的侵害（虎鲸在极地附近更为猖獗）；还可能是因为须鲸需要在更温暖、更平静的水域分娩。不过，这很可能是这三种因素的复杂组合。

须鲸为什么如此巨大？

须鲸为什么会变得这么大呢？这个问题其实很难回答。虽然须鲸的体形一直都很大，但它们是在最近才变得如此巨大。在450万年前，鲸的体长都不超过13米。在这个时候，鲸类的物种多样性已经十分丰富，因此“巨人症”出现在几个不同的鲸类中。需要注意的是，须鲸的生活方式并不要求它们有庞大的体形，在须鲸生长突增之前的几百万年里，它们一直只用鲸须过滤食物。

如今，须鲸在极地附近的高产水域捕食。这些水域中特定区域的生产力是无法预测的。不管是在特定区域有多少食物，还是食物何时最为丰富，均无法预测。生产力是两个因素共同作用的结果：一是当地的洋流模式，这并不是固定不变的；二是前几个月风暴天气的频率和强度，这更难预测。不可预测性的另一面是，对于能够找到食物的滤食者来说，可能会有一些食物丰盛的区域。大型须鲸的嘴大、胃容量大、新陈代谢旺盛（消化速度快），它们能够充分利用如此丰富的食物供应，然后大快朵颐。

须鲸的体形有助于它们找到这些食物的聚集地，这主要出于以下原因。首先，正如第一章讨论的，新陈代谢随体重增加而增长的速度较慢。因此，大型动物能够在一段时间内不进食，而小型动物却不容易做到。其次，大型动物的活动（特别是游泳）成本并不高，但它们的游泳速度可能更快，因此，它们更有能力在浩瀚的海洋中有效地觅食。

为什么须鲸如此巨大？我们对此问题的最佳答案是，在过去的几百万年中，不断变化的气候模式影响着洋流和天气，从而让这些滤食者的食物来源变得更集中、更难以预测。

∧ 须鲸成功的秘诀之一是它们的巨型嘴巴，这幅描述其社交行为的图中清晰展示了这一点。这也是须鲸的另一个共同特征。

∨ 侏露脊鲸（*Caperea marginata*）
体长：3.5 米。
尽管侏儒露脊鲸是 15 种须鲸中体形最小的一种，但它们仍然比大多数现存陆生动物都大。

^ 和其他长须鲸一样，布氏鲸（*Balaenoptera brydei*）下颌下侧也长有褶皱。当它张口吞下大量的海水和猎物时，下侧的褶皱会展开，从而进一步增大口腔的尺寸。

为什么鲸比鱼类大？

第二个令人费解的问题是，为什么鲸比鱼类大？尤其是鱼类的生物多样性要比须鲸丰富得多，而且鱼类存在的时间要长得多。正如前面所讨论的，鲨鱼的三个不同谱系产生了一些体形巨大的滤食者，但大多数须鲸都比这些巨鲨要大（有时甚至大到惊人）。这个问题的一个可能的答案是，只有高新陈代谢率和大体形结合起来，才有可能在极地水域觅食。在极地附近的寒冷水域，虽然高代谢对于高效运作来说至关重要，但这只是其中一部分原因。

在非常寒冷的极地水域也有鱼类，但它们并不是最大的鱼类，并且它们的体温几乎与周围的水温一样，这导致它们的行动较为迟缓。因此，像大型滤食者那种觅食模式需要持续运动，而像捕食大量猎物那种觅食模式则需要突然加速。这两种模式都需要较高的体温，而在寒冷的极地水域，只有大型恒温动物才能达到所需的高体温。也就是说，有可能是水域的分割，使鲸（而不是大型鱼类）在极地水域活动，这是它们的新陈代谢水平不同而造成的。也有可能是温带和热带海洋与今天的极地海洋不同，前者水域中的食物并不像后者那样不可预测且高度集中。因此，气候变化引发了须鲸的“巨人症”，但并没有对鲨鱼产生同样的进化选择压力。

为什么鲸比已灭绝的海洋爬行动物大？

第三个让进化生物学家大伤脑筋的问题是，为什么鲸比已灭绝的海洋爬行动物大？在6600万年前，白垩纪—古近纪生物大灭绝事件消灭了恐龙和大部分其他生物，之后哺乳动物重返海洋，海洋哺乳动物大约就是在这期间出现的。在此之前的整个恐龙时代，陆生爬行动物的几个谱系也在进化，它们开发海洋并最终切断了与陆地的联系，类似于鲸的进化情况。尽管经过了1亿多年的发展，巨型滤食性动物并没有在海洋爬行动物中繁盛起来。这似乎很奇怪，尤其那时海洋中存在滤食性鱼类。

一种可能性是，海洋爬行动物与海洋哺乳动物有着不同的新陈代谢水平，而且当时极地水域的生产力不高。因此，与已经填补了巨型滤食者生态位的鱼类相比，爬行动物不具优势。

∧ 巨鲸必须吃掉数量惊人的小型甲壳动物——磷虾，才能维持新陈代谢。

＜ 一头重达 23 吨的座头鲸（*Megaptera novaeangliae*）跃出水面所需的力量令人震撼。它跃出水面的动作可能是一种社交信号。

^ 人类的口腔后部有复杂的解剖结构，能够控制吞咽。蛇的解剖结构比较简单，它们能够把巨大的食物挤进喉咙。

另一种可能性是，哺乳动物的口腔与消化道之间的连接比爬行动物复杂得多。这就是为什么蛇类动物能够将相对大型的猎物整个吞下。然而，有一件哺乳动物能够做到的事，那就是将口腔的后部完全封住，这样就能让口腔充满水而不会流进喉咙，这也是我们人类能够使用漱口水的原因。更确切的说，口腔后部的这种自主控制对于须鲸的进食方式至关重要。因此，这种适应性可能使哺乳动物比爬行动物更容易通过滤食方式进食，所以滤食性摄食策略是在哺乳动物（而不是爬行动物）中进化出来的。为了让你了解哺乳动物的喉部形态如何限制了它们能吃的东西的大小，我们以一头蓝鲸为例，尽管体形巨大，但它们无法吞下任何比沙滩球大的东西，当然也无法吞下你、我或是别的人类！

死亡之颌

尽管一些影视作品和书籍对鲨鱼攻击性的描述极具误导性，甚至危言耸听，但你被鲨鱼袭击并杀死的可能性很小。每年大约有 80 起鲨鱼无端攻击人类事件的记录，其中约有 10% 是致命的。换个角度来说，美国每年有 500 人遭遇雷击，其中约 50 人因此死亡，而被鲨鱼袭击的只有约 15 人。

鲨鱼袭击

尽管有近500种鲨鱼，但几乎所有袭击人类的鲨鱼都可以追溯到四个种类：大白鲨（*Carcharodon carcharias*）、虎鲨（*Galeocerdo cuvier*）、公牛真鲨（*Carcharhinus leucas*）和长鳍真鲨（*Carcharhinus longimanus*）。鲨鱼袭击人类的死亡率低有几个原因。首先，鲨鱼广泛进食，会对任何可能成为猎物的东西感兴趣。虽然鲨鱼可能会先咬你一口看看是否值得进一步行动，但比起大型鱼类或海洋哺乳动物来说，人类并没有那么美味，因此鲨鱼往往会对人失去兴趣。其次，在近距离与大型猎物搏斗时，鲨鱼想避免受伤。所以它们的普遍战术是咬一口就往后撤退，然后重复这一过程直到猎物因失血过多而变得虚弱。如果你在岸边或船上，或附近有其他人可以前来帮忙，那么鲨鱼最初的撤退可能会给你必要的时间，让你能够远离进一步的伤害。

< 即使是一条小型大白鲨，也能毫不费力地咬穿冲浪板。

^ 大白鲨（*Carcharodon carcharias*）
体长：6米。
这条大白鲨正从鲸的尸体上撕下一大块鲸脂。

大白鲨

在一些影视作品中，大白鲨的体形确实令人印象深刻。最大的大白鲨超过6米长，体重接近2000千克，只有鲸鲨、姥鲨和蝠鲼的体形超过了大白鲨。大白鲨体形如此巨大主要有三个原因。首先，大型大白鲨的唯一已知的捕食者是虎鲸，而即使是虎鲸通常也喜欢更易捕获的猎物。其次，更有可能的是，大白鲨自身的进食偏好让它们进化成了大体形。体形较大的大白鲨专门捕食海洋哺乳动物，在与海豹、海豚等动物的激烈交锋中，大白鲨显然需要较大的体形来击败对方。大白鲨经常被发现以鲸的尸体为食，这被认为是大白鲨的重要食物来源（在商业捕鲸时代之前可能更为重要）。在这种情况下，大白鲨必须体形庞大，才能与其他鲨鱼竞争获取食用鲸的尸体的优先权。最后，大白鲨的巨大体形可以很好地保持体腔的温度。在实验中，科学家将藏有温度记录仪的鱼喂给大白鲨，从而了解到大白鲨胃里的温度可能比周围水域的温度高15℃。这种温度的提升能让大白鲨更有效地消化食物，也能充分利用大量的食物来源，如可能存放了好几天的大型鲸的尸体。遗憾的是，要人工喂养这些庞然大物并不现实，因为它们通常拒绝进食，甚至到了饿死的地步，所以大白鲨不同寻常的热生理学并没有得到太多研究。

在考虑了自然选择压力导致大白鲨体形庞大之后，我们应该思考是什么因素阻止它们变得更大。

正如我们在第一章看到的，能量可用率限制了所有捕食者的体形。特别是对于大白鲨来说，还存在一个可控性的问题。许多海洋哺乳动物游得很快，非常灵活，体形大可能会让大白鲨更难捕捉到更小型的、更敏捷的猎物，也不利于杀死猎物。

^ 在体形庞大的大白鲨口中，海豹看起来像一块小点心。

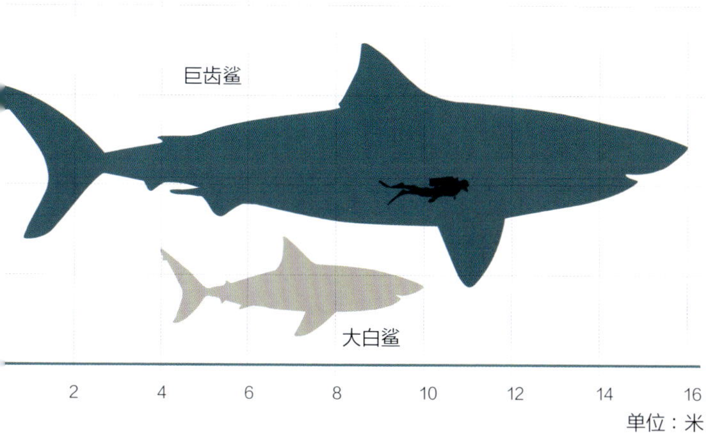

< 巨齿鲨（*Carcharocles megalodon*）
体长：16米。
这种海洋怪兽曾与现存大白鲨的祖先共同生活在海洋中，但巨齿鲨让大白鲨相形见绌。

^ 我们认为巨齿鲨主要捕食大型鲸。巨齿鲨有足够的力量捕捉这些海洋哺乳动物，而小型猎物对它们来说往往过于灵活、难以控制。

有大量关于大白鲨攻击甚至击沉船只的可靠报道，这再次证明了这些海洋捕食者的体形和力量，以及它们进食广泛，并且愿意检验它们遇到的任何东西是否适合食用。

巨齿鲨

距今2300万~260万年的这段时期，一种让大白鲨相形见绌的食肉性鲨鱼——巨齿鲨肆虐全球海洋。据推测，巨齿鲨的体长可达16米，体重在30~60吨。这里有很多不确定性，如所有鲨鱼一样，巨齿鲨的骨骼是由软骨而不是骨头构成的。软骨在死后会腐烂，并且更不可能变成化石。通过化石勘探者发现的大量巨齿鲨的牙齿，我们知道巨齿鲨是一种食肉动物。这些牙齿非常结实，有的长达18厘米。除此之外，已经发现的只有几块脊椎骨和一些粪便化石。这些化石肯定来自一种巨大的海洋捕食者，通常被归为巨齿鲨这类物种。科学家认为，这么大的生物一定会捕食像须鲸这样的巨型猎物。而且确实发现了带有损伤的鲸骨头，这很可能是巨齿鲨的牙齿造成的。这表明，巨齿鲨有着可怕且有力的下颌。巨齿鲨咬鲸身体的任何部位，都能将骨头咬碎，造成可怕的损伤。巨齿鲨牙齿的稳定同位素比率或化学特征也表明，它们是以大型动物为食。

巨齿鲨灭绝的原因还不得而知，但除了极地附近的寒冷水域，它们还被发现于各个大洋中。而且，巨齿鲨灭绝的时期似乎与地球普遍变冷和水域扩大的时期不谋而合，这个时期很可能对巨齿鲨来说太冷了。巨齿鲨一直面临着捕食性鲸的竞争，但全球海洋变冷可能给鲸带来了优势。在这期间，虎鲸的群猎技术也可能已变得愈加精进，这可能是巨齿鲨灭绝的一个原因。此外，这一时期也是海洋生产力普遍下降的一段时期，尤其是鲸的生物多样性和数量都有所减少。如果巨齿鲨专门捕食巨鲸，而在捕获小型猎物时行动过于迟缓，那么巨齿鲨可能根本没有足够的食物来维持种群的生存。巨齿鲨的灭绝可能是所有这些因素综合作用的结果。这可能解释了为什么巨齿鲨灭绝了，而大白鲨却存活下来（两类物种生活在同一时期）。

＜ 和所有鲨鱼一样，巨齿鲨的牙齿也会定期脱落。因此，像这样令人惊叹的牙齿化石比较常见。

与鲨鱼无关的大型鱼类

巨齿鲨可能是有史以来已知的最大鱼类。与巨齿鲨接近的是侏罗纪时期利兹鱼属的一种鱼类。虽然这种巨型鱼类是从硬骨鱼进化而来的，但它们却长出了软骨骨骼，所以同样的，它们的化石证据也是非常有限的。不过，目前对其长度的最佳推测是16米。

现存最大型的硬骨鱼是非凡的海洋太阳鱼（*Mola mola*）。它们的身体呈圆盘状，顶部和底部长有长鳍。最大的海洋太阳鱼从顶部鳍尖到底部鳍尖长4.2米，从前面到后面可达3.2米，体重达2300千克。

与利兹鱼属一样，海洋太阳鱼也是从硬骨鱼进化而来的，但其骨骼中有一大部分是软骨。这表明，对于鱼类而非鲸来说，软骨骨骼是维持大体形的必要条件。可能是因为鲸这样的恒温动物的高能量生活方式使得它们需要不断地游动（以产生向上的力量来抵抗其所受的重力）。不过，我不太确定这就是原因，海洋太阳鱼也表现出很高的活动水平，它们几乎不停地进食水母。海洋太阳鱼确实是一种独一无二的鱼类。在野外，它们会在水面宽阔的地方晒太阳，也许是在潜入深海觅食后暖身。在人工饲养的情况下，你可以在世界各地的一些大型海洋馆中找到它们，光是看到这种巨型鱼就值得支付海洋馆的入场费了。

< 海洋太阳鱼（*Mola mola*）
体重：可达 2.3 吨。
海洋太阳鱼是体形最大的鱼类之一，也是长相最奇特的鱼类之一。它们在深潜后会重新回到海面上晒太阳来取暖。

抹香鲸

须鲸一般体形巨大，而齿鲸的体形只是非常大。而且齿鲸类物种主要是海豚，比人类大不了多少。不过，也有少数齿鲸达到了巨大的体形，其中包括抹香鲸（*Physeter macrocephalus*），因此我们就从抹香鲸开始探索。尽管抹香鲸主要捕食较小的猎物，偶尔捕食大型猎物，但它们有一些非常特殊的适应能力来捕食。

自成一派的海洋巨兽

抹香鲸是现存最大的齿鲸，虽然鲸的多样性在过去更为丰富，但我们没有证据表明有已灭绝的物种比抹香鲸更大。最大的雄性抹香鲸体长超过20米，体重57吨，它们自成一派。齿鲸中第二大的是贝氏喙鲸（*Berardius bairdii*），体长不到13米，体重15吨。抹香鲸是所有鲸类中“两性异形”最明显的，雄鲸的体重通常是雌鲸的3倍。因此，商业捕鲸者尤其以雄鲸为捕猎目标。捕鲸者寻求的是一种蜡状脂肪油，这种油被称作“鲸脑蜡”。抹香鲸的头顶有一个巨大的器官，里面含有这种物质。

∨ 抹香鲸（*Physeter macrocephalus*）
体长：20 米。
抹香鲸是异常巨大的齿鲸，被认为是现存最大的捕食者。

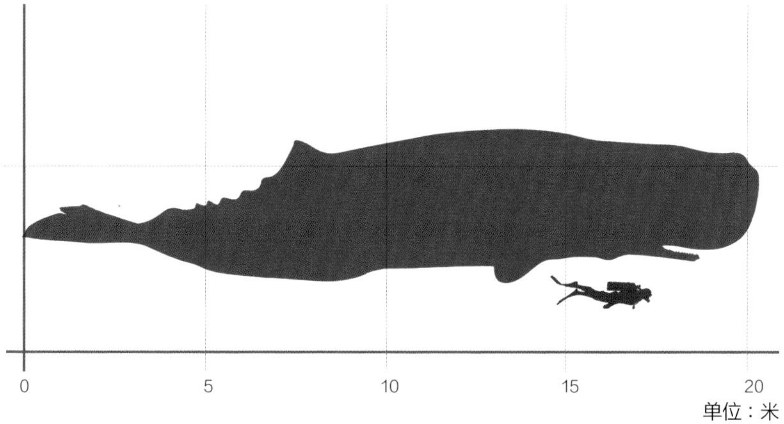

单位：米

∧ 抹香鲸会潜入很深的水域，并利用回声定位来寻找猎物。

∧ 抹香鲸的头部形状奇特，有一个巨大的鲸蜡器官，据说用于回声定位。

鲸蜡器官

是怎样的自然选择压力促使抹香鲸长出充满油脂的鲸蜡器官，我们并不完全清楚。通过制造声音进行交流、通过回声定位寻找猎物，这对抹香鲸来说都很重要。虽然鲸蜡器官肯定与交流有关，但很多没有这一夸张特征的鲸也能很好地进行交流和回声定位。可能它们是用鲸蜡器官发出极大的声音来震晕猎物。的确，抹香鲸能够发出高达230分贝的声音，而195分贝的声音就足以震破人类的耳膜。但科学家未能用这一分贝范围的声音震晕鱼类，因此无法确定这一观点是否正确。

< 贝氏喙鲸（*Berardius bairdii*）
体长：13 米。
这是齿鲸中体形第二大的物种，比抹香鲸小很多，头部的喙形也与抹香鲸截然不同。

关于抹香鲸鲸蜡器官的其他观点是，当雄性鲸为争夺雌性鲸互相撞击时，鲸蜡器官是一种防止撞伤的保护性“头盔”。雄性之间的这种争斗行为尚未被观察到，但有大量关于大型捕鲸船被抹香鲸蓄意撞击后沉没的报道，其中最著名的是1820年的“埃塞克斯号”沉船事件。还有一种观点认为，鲸蜡器官可能有助于控制浮力。抹香鲸是杰出的潜水者，它们能够在超过2000米的深海水域停留超过一小时。可能在下潜初期，鲸蜡器官冷却并凝固，以此来缩小体积、增大密度，从而帮助抹香鲸进行下潜。然后，当抹香鲸主动进食时，运动让它们的体温升高，让鲸蜡融化，从而增大了抹香鲸的浮力，帮助它们返回海面。然而，我并不认为这一观点很具说服力。鲸蜡器官似乎并没有充足的血液供应，周围也没有保温层，无法通过这一器官的温度变化来更好地控制浮力。显然，我们对抹香鲸还有很多不了解的地方，尤其是在它们最突出的功能方面。

∨ 尽管抹香鲸体形庞大，但是它们仍然很容易被虎鲸捕食。不过，抹香鲸（尤其是脆弱的幼鲸）可以联合起来获得一些保护。

社交行为

抹香鲸需要相互交流，它们拥有复杂的社会生活。雌性抹香鲸和年幼的雄性抹香鲸一起生活并形成非常稳固的群体，而体形较大的雄性抹香鲸则在繁殖季之外的时期离开群体独自生活。幼小和受伤的抹香鲸很容易受到虎鲸的攻击，但有记录表明，当捕食者出现时，强壮抹香鲸会在弱势抹香鲸的周围形成一个保护圈。有时，它们都将头朝向内侧，用强有力的尾巴对着虎鲸并用尾巴进行攻击（抹香鲸的尾巴是所有鲸中最大的）；有时它们的头部朝向外侧，这样捕食者可能被抹香鲸的头部撞伤。可悲的是，捕鲸者利用了抹香鲸的这种行为。他们伤害一只抹香鲸后将其留在水中，等到这一只的同伴过来围成一团，捕猎者就能轻易将它们一网打尽。

关于牙齿

抹香鲸另一个与众不同的特征是它们的嘴部很小。它们有着狭长的下颌，下颌上长有巨大的牙齿，每颗牙齿重约1千克。抹香鲸的牙齿发育良好，但这似乎并非捕食所必需。被捕获的抹香鲸中有些牙齿很少或没有牙齿，下颌甚至已变形，但它们看起来仍然进食充足。此外，有报告称，捕鲸者打开抹香鲸的胃，发现胃里的猎物仍然活着，猎物身上没有齿痕。经过自然选择，抹香鲸上颌的牙齿几乎都已掉光，下颌的牙齿则嵌入上颌的齿槽中。有一种说法是，抹香鲸的牙齿用于雄性之间的互相攻击。事实上，成年雄性鲸的身上经常带着疤痕，其大小与抹香鲸的齿痕相当。这又让我们想到上面提到的观点，即抹香鲸利用自身发出巨大的声音来震晕猎物。否则，有点难以理解它们是怎样成功捕捉到敏捷的猎物的。

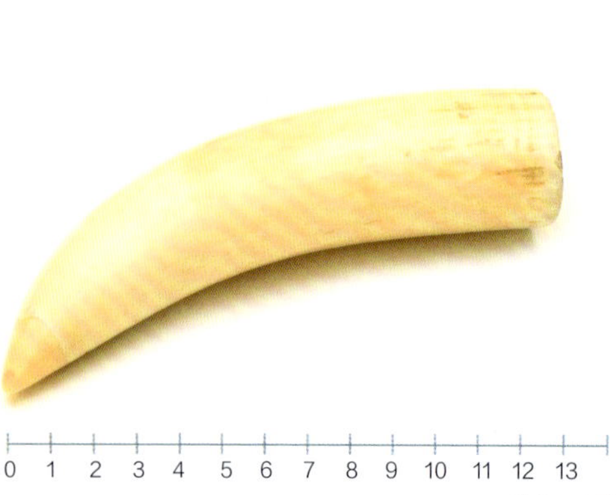

‹ 抹香鲸的牙齿又细又长，与巨齿鲨的牙齿完全不同。

∧ 鱿鱼的吸盘在抹香鲸身上留下的疤痕。

消化系统

在抹香鲸体内发现了最长的肠内寄生虫。抹香鲸的肠道是所有动物中最长的，个别的长度超过了300米。抹香鲸的消化系统相当复杂，它们的猎物比蓝鲸的猎物更大、种类更丰富。

抹香鲸四个胃中的第一个胃不参与化学消化过程，它不分泌胃液，但它有非常坚韧的肌肉内壁。这让它能够承受住猎物鱿鱼吸盘的攻击。鱿鱼通常是被活吞并被第一个胃挤压致死，然后再进入后三个胃中进行化学消化。鱿鱼坚硬的喙在鲸

‹ 鲸身后留下的一缕排泄物。

的第二个胃中仍未消化（曾在一头鲸的胃中发现了1.8万个鱿鱼喙），抹香鲸会定期将它们咳出。尽管抹香鲸捕食海洋中最大的鱿鱼，但这种巨型鱿鱼很少见。因此，抹香鲸的大部分食物都是质量不到1千克的中型鱿鱼。此外，在抹香鲸的胃中还经常发现章鱼和鱼类。

据预测，一头抹香鲸每天的食量约为其体重的3%。对于抹香鲸这种分布广泛的物种来说，要计算其全球的种群数量是比较困难的事。但根据可靠的种群数量估算，抹香鲸整个种群吃掉的海洋生物数量是人类海产品食用量的6倍。尽管如此，由于鲸主要以人类不感兴趣的物种为食，因此我们不应把鲸视为人类的竞争对手，捕杀鲸会让海洋资源枯竭。

生物学家认为，抹香鲸能够增加上层水域稀缺的氮，因此在为海洋施肥方面起着重要的作用。抹香鲸在深海觅食，但它们的粪便会漂浮上来直至分解。我们过去对鲸的了解大多来自捕鲸作业中捕获的死鲸样本。万幸的是，如今科学家大多拒绝这类信息来源。因此研究鲸的科学家不可避免地对它们的排泄物产生了浓厚的兴趣。从海面上捞起鲸的粪便，不仅可以了解鲸吃了什么，还能获取其DNA、激素水平以及有关健康状况的各种信息。从各方面来看，抹香鲸都是一种迷人且神秘的生物。

抹香鲸的祖先

距今 1500 万 ~500 万年的这段时期，生活在史前海洋中的各种抹香鲸似乎比现存抹香鲸更适合捕食大型猎物，比如鱼类、企鹅，尤其是海洋哺乳动物。具体来说，抹香鲸祖先的上下颌都长着又长又坚固的牙齿，它们的颌骨本身也非常坚实。此外，颌部的铰链和肌肉附着点显示，这些鲸能够产生很大的咬合力，可以紧紧咬住挣扎的猎物。不像现存抹香鲸那样有着狭窄的下颌，抹香鲸祖先的吻部很长，其中下颌是它们的主要特征。

史前掠食者

可以肯定的是，这些已灭绝的抹香鲸祖先曾是顶级掠食者，随时准备捕食海洋中最大的动物，并且是巨齿鲨的直接竞争对手。我们并不清楚它们灭绝的原因，但除了避开寒冷水

梅氏利维坦鲸（*Livyatan melvillei*）
体长：17.5 米。
虽然这种巨型食肉鲸可能有能力攻击巨齿鲨，但其他猎物会是更易捕食的目标。

梅氏利维坦鲸的大部分头骨已经被发现，因此科学家已经对其咬合力的凶猛程度有了很好的认识。不过，还需要发现更多梅氏利维坦鲸的其他骨骼，才能确定它们的体形大小。

域的问题，所有针对巨齿鲨的观点也都适用于抹香鲸的祖先。它们的灭绝有可能是因为依赖海洋哺乳动物为食，这些猎物的种类和密度在距今500万~300万年的这段时期有所下降。抹香鲸的祖先统称为巨食性抹香鲸，其中包括噬抹香鲸属（*Brygmophyseter*）、管状鲸属（*Acrophyseter*）、颧突抹香鲸属（*Zygophyseter*）和利维坦鲸属（*Livyatan*）。

迄今为止，只发现了梅氏利维坦鲸的头部骨骼。根据这些头骨进行合理的推断，它们的体长为13.5~17.5米，与现存抹香鲸的长度差不多。梅氏利维坦鲸的牙齿是所有动物中最大的，有些超过36厘米长。这不包括獠牙，獠牙是经过高度改良的牙齿，且不再用于进食。所有巨食性抹香鲸的头骨顶部都有一个很大的凹陷，这很有可能是鲸蜡器官。这些利维坦属鲸似乎不太可能震晕与自己体形相似的巨型猎物，它们也不需要用可怕的下颌和牙齿攻击猎物。因此，这与关于鲸蜡器官主要功能的观点不符。令人惊讶的是，科学家无法确定鲸蜡器官的用途。多年以来，这一器官对于抹香鲸的众多亲缘物种来说无疑是一种优势。

大多数巨食性抹香鲸的化石都是在过去20年间被发现的，因此，我们有理由相信还有更多的化石将被发现。有了这些化石，我们对这些远古巨人的了解也会随之大增。自然选择的压力促使这些大型海洋捕食者灭绝，其中一个原因可能是与虎鲸的竞争。巨食性抹香鲸可能与虎鲸共享同一个生态环境。两类物种都会捕食须鲸、海豹、海豚和企鹅。

企鹅

除了海洋哺乳动物，已灭绝的巨食性抹香鲸可能还会捕食史前的企鹅。现存最大的企鹅是著名的帝企鹅（*Aptenodytes forsteri*），它们身高达1.2米，体重达45千克。然而，在过去的4500万年间，许多其他企鹅物种要比帝企鹅大得多。诺登舍尔德群岛的诺氏巨人企鹅（*Anthropornis nordenskjoldi*）没有我高，但比我重。它们大概高1.8米，体重90千克。而新西兰的厚企鹅（*Pachydyptes ponderosus*）则更矮，但可能更重一些，有些重达100千克。最后不能不提的是，伊卡企鹅（*Icadyptes salasi*）的体形与巨型企鹅非常相似。但它们在南美洲被发现时的气候比现在更暖。这表明巨型企鹅可以在各种不同的生态环境中茁壮成长，不仅是在极端寒冷的环境中。

企鹅的多样性随着海洋哺乳动物的增多而减少。这种多样性的减少在体形较大的物种中尤为明显。这并不奇怪，因为我们知道帝企鹅要在陆地上哺育幼鸟是很具挑战的。相比之下，哺乳动物的胎生特性（胚胎在母体内发育）和以母乳为食的高效率让这一群体具有相当大的竞争优势。

∨ 史前企鹅很可能是海洋哺乳动物的猎物，就像它们现存的后代一样（也许就像这幅充满想象力的艺术画中描绘的一样）。

虎鲸

无论如何，虎鲸都不是齿鲸中最大的物种，但它们重达 6 吨的体重可以与最重的陆生动物相媲美。之所以在此提及虎鲸，是因为它们与其他大型海洋物种有重要的关系。实际上，不管你想到哪一种海洋动物，虎鲸都很有可能是它们的潜在捕食者。此外，虎鲸代表着贯穿本书的一个主题：以人类和蚂蚁为例，如果团结起来，不需要成为最大的，就能产生巨大的影响力。

〈 虎鲸（*Orcinus orca*）
体长：10 米。
虎鲸能够突然加速，这让它们有足够的推动力以跃出海面。实际上，它们有时会把飞行中的鸟抓来食用。

〈 虎鲸集体形、力量、锋利的牙齿、团队合作及智慧于一身，这意味着在其附近没有什么物种是安全的。由于虎鲸在全球的分布范围很广，很难知道它们会在何时何地出现。

〈 虎鲸有一个特别紧密和复杂的社会系统，这是它们捕食成功的关键。

虎鲸生态学

在世界各地的海洋中，虎鲸无处不在，极少有它们没有出现过的水域。虎鲸和海豚同属一个家族，但虎鲸的体形已经进化得越来越大，广泛的进食范围包括鲑鱼和最大的须鲸，以及体形介于两者之间的许多动物。虎鲸有一个复杂的社会系统，它们与关系相近的虎鲸组成母系群体，其中最年长的是其他虎鲸的母亲、祖母甚至曾祖母。一头虎鲸可以在同一个社会群体中度过50~80年的一生。

虎鲸通常拥有所有动物中最稳定的社会群体，这也被认为是虎鲸文化传统的基础。例如，同一母系社会群体的虎鲸会发出类似的叫声，行为方式相同，并且专门捕食相同类型的猎物。

即使单独一头虎鲸也是一个可怕的捕食者。最大的虎鲸体长近10米，体重至少有6吨。它们强有力的下颌上长着锋利坚固的牙齿。虽然有报道称虎鲸捕食的猎物多种多样，有从空中抓获的海鸥、也有在岛屿间游动时捕获的鹿。但大部分虎鲸群的主要食物是鱼类或海洋哺乳动物。一头虎鲸一天可能吃掉超过200千克的鱼。

捕猎技巧

虎鲸遍布全球，它们捕食的鱼种类繁多。但在特定的季节里，一个虎鲸群一般会集中捕食一个特定种类的猎物。例如，挪威近海的虎鲸群捕食鲱鱼，它们使用一种叫作“旋转喂食”的捕鱼技巧。一头或多头虎鲸会围着鱼群转圈，同时吐出气泡在鱼群周围形成幕帘。之后，虎鲸将鱼群围成一个越来越紧的“圆球”，再用尾巴拍打“圆球”，将鱼拍晕或拍伤。然后它们就能随意地将这些鱼叼走。

基本上，所有海洋哺乳动物都容易受到虎鲸的攻击，物种越小越容易遭受攻击。其他鲸类简直无处藏身，海豹和海狮即使不在水中也不安全。虎鲸会故意撞击浮冰以驱逐海豹，掀起波浪将海豹从冰上冲入水中，并且故意冲上浅滩以抓获水边的动物。虎鲸之间的协调行为让捕猎行动更加高效。虎鲸群也是如此，它们不断进攻巨型鲸直到对方精疲力竭，这与大部分非洲野犬（*Lycaon pictus*）的捕猎方式没什么两样。不过，虎鲸比猎犬更有优势。虎鲸会无情地阻止鲸浮上水面换气，很快就能将鲸的精力耗尽。

虎鲸也是适应性很强的猎手。在捕鲸时代，虎鲸很快学会了锁定人类捕鲸者的声音，并把它当作可能有食物的信号。虎鲸会攻击从捕鲸者手中逃脱的受伤的鲸，或在鲸尚未被捕鲸者拖出水面时，将它吃掉。

虎鲸在捕食鱼类方面同样具有很强的适应能力。例如，阿拉斯加附近的虎鲸学会了沿着捕鱼的主线移动，在渔民收线之前叼走渔钩上的猎物。

据报道，虎鲸在野外攻击人类的次数很少，而且没有一次是致命的。这确实令人震惊，全球可能至少有5万头虎鲸，它们是非常灵活的觅食者。也许这从另一个方面说明了虎鲸的智慧。虎鲸很少把人类误认为是其他动物，而那些对人类有经验的虎鲸无疑也意识到人类没什么好吃的，还可能带来很多麻烦！

‹ 虎鲸也是适应能力极强的捕食者。它们愿意捕食在水域之外的猎物，包括沙滩、浮冰上的猎物，甚至是贴着海水表面低空飞行的猎物。

有鳞的海怪

海洋哺乳动物曾是陆生哺乳动物的一个分支，在进化过程中，它们回到了远祖生活过的海洋中。同样，一些陆生爬行动物也重返海洋。现今我们对海龟和鳄鱼（见第八章）已很熟悉。在此，我们将介绍恐龙时代的一些海洋爬行动物，它们有些是非常大的物种，却没有留下现存的后代。

< 通俗秀尼鱼龙（*Shonisaurus popularis*）
体长：至少 20 米。
通俗秀尼鱼龙是最大的鱼龙类物种之一。通常认为它们的眼睛也是最大的，眼球直径约为 1 米，在黑暗的深水中也能看得见。

鱼龙

距今2.5亿~9000万年的这段时期，鱼龙在世界各地的海洋中游弋，这与陆地上的恐龙大致相同。鱼龙的种类繁多，有的似海豚般拥有极为平滑流畅的线条，有的则更加健壮，它们游泳时全身像鳗鱼一样起伏，而不仅仅是用力地摆动尾巴。

从体形上来看，鱼龙可能是巨大的。虽然有些鱼龙只有1米长，但肯定有几个物种至少15米长，还有一些物种体长可能达到18米、20米，甚至25米。最长的鱼龙通常被归入秀尼鱼龙属，其中西

^ 西卡尼秀尼鱼龙（*Shonisaurus sikanniensis*）与通俗秀尼鱼龙有非常近的亲缘关系，被认为是最大的鱼龙类物种之一。许多鱼龙的身体结构与海豚极为相似，两类物种的生态环境也很相近。

^ 这块化石显示，许多鱼龙都有大量的“手指”骨。这让它们的前鳍状肢非常灵活，从而提高了速度和可控性。

卡尼秀尼鱼龙和通俗秀尼鱼龙通常被认为是体形最大的鱼龙。所有鱼龙都是肉食动物，它们有很多不同的进食适应能力。其中最常见的有细长的吻部，能够快速移动，并且长满了尖锐锋利的牙齿，非常适合捕捉快速移动的中型鱼类。其他类的鱼龙下颌更短、更坚固，长有锋利且有韧性的短牙齿，这些牙齿相互形成切割刃。

这表明鱼龙捕食与自己体形相近的大型猎物，包括其他海洋爬行动物或大型鱼类。少数鱼龙物种有着格外有力和强壮的下颌，长有扁平、坚固的牙齿，这意味着它们在进食过程中要咬碎软体动物的保护壳。事实上，已经发现有菊石带有这类捕食者的牙齿咬痕。

鱼龙最不常见的进食方式似乎是滤食非常小的猎物，仅发现少数物种是滤食性的。正如已经讨论过的，滤食性摄食方式在爬行动物中的自然进化程度可能不如鱼类或哺乳动物。

由于最大的鱼类和海洋哺乳动物都是滤食性动物，这也许可以在一定程度上解释为什么鱼龙确实变得非常大，但又没有最大的鲸那么大。有证据表明，有些鱼龙可能是恒温动物。它们被认为是开阔水域的巡游者，长时间游泳产生的热量有可能保留在动物体内。这是由于鱼龙体形庞大，将流向身体表层的血液降至最少，再加上它们有一层厚厚的保温脂肪。

在6600万年前发生的白垩纪—古近纪大灭绝事件之前，鱼龙就已经灭绝了。在鱼龙最终灭绝前的数千万年，它们的物种多样性就已经减少了。而体形最大的鱼龙是相对较早灭绝的鱼龙物种之一。

我们并不清楚鱼龙灭绝的原因，但这似乎与其他海洋爬行动物的竞争无关。我的直觉是，这也不是与鲨鱼或其他大型掠食性鱼类竞争而导致的。如果这种竞争很重要，而鱼龙又是恒温动物，那么我们可能会预料到鱼龙会在温暖水域更早灭绝，但并没有出现这一迹象。在鱼龙灭绝后，占主导地位的海洋爬行动物不太适合在开阔水域巡游。它们更适合伏击捕食，主要依赖于加速冲刺以及短时间内的爆发力。

鱼龙似乎是为了以较快的速度高效巡游而设计的。但无法回避的事实是，不断移动的代价是昂贵的，以较快的速度游泳更是如此。生态系统有可能发生了变化，从而导致生产力普遍下降。在这种情况下，像鱼龙这样的宽阔水域巡游者，需要不断消耗能量来寻找食物。它们在食物链的顶端进食，体形庞大且是恒温动物。鱼龙在能量上处于劣势，以至于难以谋生。快速移动的猎物可能已经进化成更高效的游泳者，而鱼龙追逐猎物要付出的能量成本太高了。

∨ 与陆生恐龙化石不同，勘探者们发现了许多鱼龙和其他史前海洋爬行动物的完整骨骼。

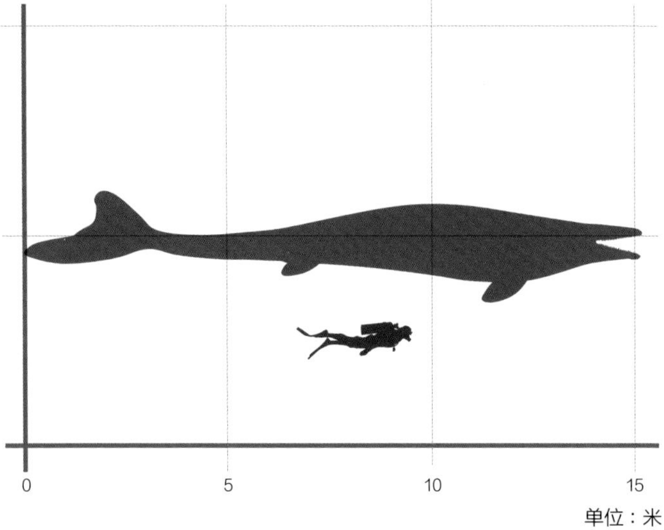

∧ 霍夫曼沧龙（*Mosasaurus hoffmannii*）
体长：17 米。
霍夫曼沧龙被认为是最大的沧龙之一，在鱼龙灭绝后逐渐崛起。

沧龙

鱼龙灭绝后，一类海洋爬行动物——沧龙开始崛起。沧龙的体形也很大，体长很少短于4米，有些长达17米。沧龙在许多方面都与鱼龙类似，它们显然是恒温动物，专门捕食菊石类和鱼类。有些则是顶级掠食者，捕食与自己体形相当的大型猎物。不过，沧龙的体形似乎不是为在开阔水域巡游而设计的，而是为潜伏并扑杀经过的猎物。恒温动物的体温调节能力令人惊讶，如果保持不动的状态下，动物的新陈代谢较慢，那么“守株待兔”型捕食者可以更长时间保持不动，对于水生生物来说尤其如此。我的感觉是，沧龙可能是相当活跃的猎手，但它们不像鱼龙那样在平淡无奇的开阔水域活动。相反，沧龙可能更偏爱海水较浅的、环境更复杂的水域，那里有珊瑚礁和海藻森林可供藏身，更浑浊的海水可掩护它们接近猎物。

体形较大的沧龙包括：霍夫曼沧龙，据估算，其体长可达17米；海诺龙属（*Hainosaurus*），体长12~17米；海王龙属（*Tylosaurus*），它们的体长可达14米。

^ 海王龙可能会捕食蛇颈龙，反之亦然。在自然选择的强大作用下，它们进化成了庞大的体形。

蛇颈龙

蛇颈龙是一个主要的水生爬行动物类群，它们从陆生祖先进化后重返海洋，与鱼龙和沧龙生活在同一时期。

蛇颈龙、鱼龙和沧龙的区别在于截然不同的体形和游泳方式。鱼龙和沧龙是通过拍打尾巴，甚至全身起伏来产生推进力的，而蛇颈龙有四只巨大的鳍状肢，它们用这四只鳍状肢在水中飞速穿梭。蛇颈龙在许多方面与其他海洋爬行动物相似：像所有爬行动物一样，它们呼吸空气；它们从不冒险进入陆地；它们以胎生方式繁衍后代；它们可能是恒温动物。

蛇颈龙分为两大类：长颈型蛇颈龙，长颈末端长着一个小脑袋；短颈型蛇颈龙，短颈上有一个大脑袋。长颈型蛇颈龙的进食策略鲜为人知。起初，长颈型蛇颈龙被认为是伏击捕食者，它们可以潜伏等待，然后迅速伸出长颈来抓获附近经过的猎物，无须费力加速它们庞大的身躯。但现在看来，它们的脖子似乎过于僵硬，因此无法做到这点。

我的观点是，长颈型蛇颈龙穿过浑浊的沿海或河口水域游向它们的猎物，直到几乎快碰到时，猎物才会看到它们很小的头部，而不会发现它们在黑暗处拖着

∨ 神河龙（*Styxosaurus snowii*）是长颈型蛇颈龙中最大的一种，体长达12 米。它们很可能利用自己的长颈将头部突然伸向快速移动的猎物。

的庞大身躯。另一种可能是，长颈型蛇颈龙沿着水底游动，用头部犁开沉积物，从而捕捉埋藏其中的猎物。有些科学家发现了一些奇怪的海底犁沟化石，正是与长颈型蛇颈龙的这种进食方式有关。然而，我不知道这些生物的头部和牙齿是否足够坚实，能够对付同样埋在沉积物中的岩石。短颈型蛇颈龙肯定更喜欢四处游弋，寻找并攻击体形较大的猎物。

一些最大的短颈型蛇颈龙是上龙属的成员。由于没有发现它们完整的骨骼，所以对于其体形大小的估算是有争议的。最大的短颈型蛇颈龙可能有15米长，体重45吨。但根据相同材料得出的其他计算结果，它们的长度在10~13米。薄片龙属（*Elasmosaurus*）的长颈型蛇颈龙有10米长，其中颈部长为7米。

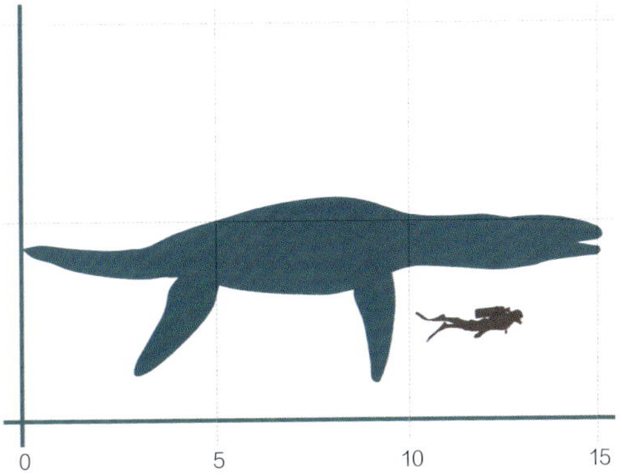

∧ 上龙属（*Pliosaurus*）
体长：15 米。
一些最大的短颈蛇颈龙。

第五章　空中巨人

提到会飞的脊椎动物，我们首先想到的是鸟类。但是，我们不应该忘记蝙蝠，也不应该忘记在数千万年的时间里，与最早的鸟类共享一片天空的一个完全独立的脊椎动物群体——翼龙。

我们知道，飞上天空的挑战限制了飞鸟的体形，因为一些不会飞的物种进化成了史上最大的鸟类，包括我们今天看到的最大鸟类物种。

现存最大的飞鸟

虽然有一些昆虫的体形非常大（我们将在第六章中看到），但最大的飞行者是像鸟类这样的脊椎动物，它们的骨骼能够充分利用肌肉来满足在空中飞行的能量需求。在此，我们将介绍现存最大的飞鸟，并关注这些飞鸟大量运用滑翔飞行的状况。这是不可避免的，因为随着体形增大，鸟类通过拍打翅膀产生的升力难以对抗重力。几乎所有鸟类的起飞都离不开拍打翅膀，这最终限制了飞行鸟类的体形。

飞鸟的体重极限

在现存会飞的鸟类中，灰颈鹭鸨（*Ardeotis kori*）通常被认为是最重的，特别大的灰颈鹭鸨体重达19千克。但有几种不相关的鸟类比它们也小不了多少：加州神鹫（*Gymnogyps californianus*）体重可达14千克；漂泊信天翁（*Diomedea exulans*）体重可达13千克；体形最大的疣鼻天鹅（*Cygnus olor*）体重可达14千克。

‹ 灰颈鹭鸨（*Ardeotis kori*）
体重：19 千克。
该物种经常被描述为现存最大的飞鸟，而大鸨（*Otis tarda*）只比它小一点。在灰颈鹭鸨和大鸨这两类物种中，雄性都比雌性大得多。你可以在非洲南部树木不太茂密的地区找到灰颈鹭鸨。毫不奇怪的是，它大部分时间都在地面上活动。

^ 漂泊信天翁（*Diomedea exulans*）
体重：13 千克。
细长的翅膀让这种鸟的滑翔效率极高。

^ 加州神鹫（*Gymnogyps californianus*）
体重：14 千克。
这种鸟有宽大的翅膀，可以进行急转弯。

不同的鸟类谱系都已进化，因此其最大成员的体重为9~20千克。这表明，由于飞行需求，飞鸟的体重限制在20千克以下。在观察这些鸟类时，这些说法看起来是非常合理的。飞鸟飞翔时可能很从容，但当它们起飞和降落时，往往看起来没那么优雅。

极其耗能的飞行

扇动翅膀飞行需要很大的力气。然而，正如第一章中讨论的，生物体从肌肉中获取的力量随体重增加而增加，但其增速比体重的增速要慢。这对飞行者来说是真正的问题，因为飞行需要抵消重力，而重力和体重成正比。升力与鸟翼面积（随质量增加而增加，但其增速比体重的增速要慢）、扑翼频率（随体重增加而减少）成正比。因此，鸟类的体形有一个最大限度，如果超出了这个限度，就无法用扑翼（来自肌肉力量）产生的升力对抗重力，也就无法停留在空中。我们从上文讨论的所有大型鸟类身上都能看到这样的证据，只要有可能，鸟类就会运用滑翔飞行而不是扑翼飞行。

在滑翔飞行中，鸟类张开翅膀在向上的气流中飞翔，让空气推动翅膀使其上升。上升气流是在一系列的条件和情况下形成的。在阳光充足的区域，特别温暖的地面（如深色岩石）上方的空气本身会被地表加热，然后上升。在空旷地区，风吹到悬崖类的固体表面或巨浪表面时，会向上偏转。大型鸟类善于利用这些机会持续上升，从能量角度来说，这并不比它们僵硬地张开双翼消耗更多的能量。然而，即使是最坚定的滑翔者，也会运用耗能的扑翼飞行到有向上气流的区域，或帮助自身在起飞时加速或在降落时减速。

^ 疣鼻天鹅（*Cygnus olor*）
体重：14 千克。
疣鼻天鹅可能是最容易见到的巨型飞行鸟类，因为它们在近 50 个国家繁殖。黑嘴天鹅（*Cygnus buccinator*）的体形与疣鼻天鹅非常相似，被认为是北美洲原生现存鸟类中最重的。

巨型“滑翔机”

化石资料显示，自恐龙时代以来，有些飞鸟的体重是我们今天看到的大型鸟类的几倍。其中最大的一种鸟的翅膀形状似乎更像信天翁而不是秃鹫。这让我们能够推测出这种已灭绝巨鸟的生态环境。我们也可以说，这种鸟类最大的挑战可能是起飞和着陆，而在这两种情况下，强风可能是成功的关键。

像飞机一样大的桑氏伪齿鸟

1983年，在美国南卡罗来纳州查尔斯顿，在挖掘新机场航站楼地基时发现了一些有趣的化石。这些化石原来是一种鸟的遗骸。这种鸟类被科学家称为桑氏伪齿鸟（*Pelagornis sandersi*），它们生活在大约2500万年前。桑氏伪齿鸟的惊人之处在于它们的体形。它们的体重在22~40千克，翼展6.4米，大约是现存鸟类最大翼展的2倍，与轻型飞机的翼展相仿！当然，现存的大型鸟类中也有不会飞的。但桑氏伪齿鸟看起来是会飞的，而不是会跑的。否则很难解释它们的翅膀很长，而腿却很小的原因。它们细长的双翼很像信天翁的翅膀，因此可以推测，桑氏伪齿鸟也是海上的滑翔者。

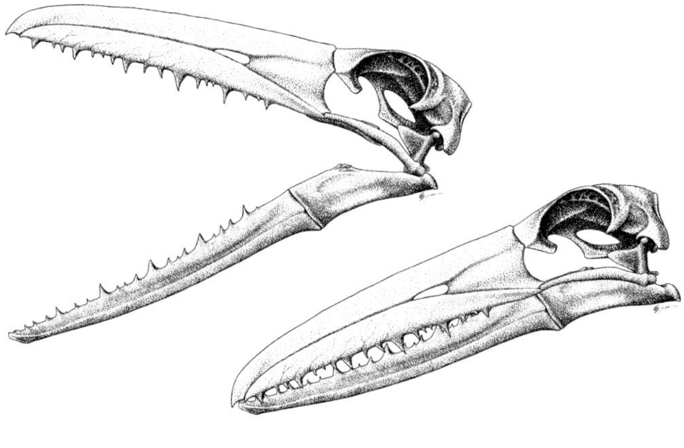

桑氏伪齿鸟（*Pelagornis sandersi*）
翼展：6.4米。
桑氏伪齿鸟的喙边缘有很特别的延伸部分，看起来非常像牙齿。仔细观察会发现，这个延伸部分与海豚等食鱼类动物的短且锋利的牙齿很像。因此，我们有理由认为这种古代鸟类以鱼等光滑的猎物为食。

鸟类飞行的空气动力学

大型滑翔鸟类的典型代表是信天翁和秃鹫。这两种鸟的翅膀面积都很大，能够增加空气的升力，但它们的翅膀形状却截然不同。信天翁的双翼又细又长，而秃鹫的翅膀则宽大得多。信天翁的翅膀在升力和阻力（空气中向前移动的阻力）之间实现了最佳折中，因此即使在中等的上升气流中也能实现非常高效的滑翔。然而，这种设计的代价是降低了可控性。由于信天翁翅膀的形状，它们需要很大的空间来转弯。但在广阔的海洋上空，这并不是问题。

要在陆地上而不是海上滑翔，就必须具有更强的可控性。

秃鹫经常在裸露的深色岩石上方盘旋，岩石上方比周围的温度更高，并且有上升空气柱。通常这些空气柱的中部气流最强劲，因此秃鹫绕的圈越小，就越能有效地增加高度。秃鹫宽大的翅膀让它们能够做到这一点，但代价是增加阻力。因此秃鹫比信天翁需要更强的上升气流来滑翔，尽管这些上升气流在空间上会受到更大限制。

‹ 桑氏伪齿鸟有着细长且极为高效的双翼，更像信天翁的翅膀，而不是可控性更强的秃鹫的翅膀。

< 黑眉信天翁（*Thalassarche melanophris*）是体形最大的信天翁。

< 一大群南非秃鹫（*Gyps coprotheres*）盘旋的景象越来越少见。与其他众多秃鹫一样，南非秃鹫的数量也在急剧下降。

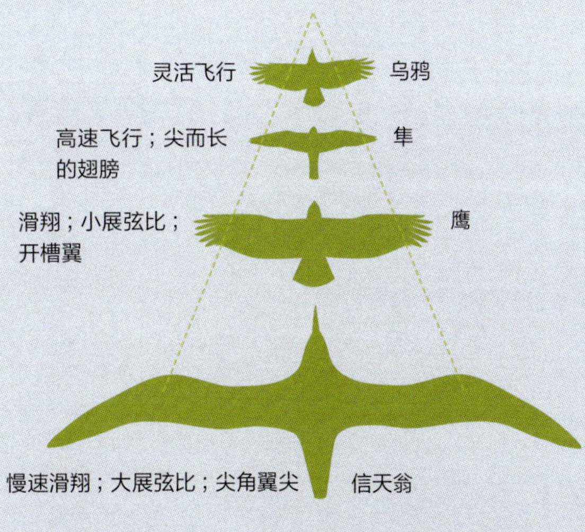

> 正如那些战斗机的机翼一样，短而粗壮的翅膀能提供最大的可控性，但代价是降低空气动力效率。大型客机和信天翁通过拥有又细又长的翅膀来优先实现节能。

^ 对于疣鼻天鹅来说，起飞是一件非常困难的事情。

飞行是最简单的部分

一只巨鸟一旦升空，滑翔可能是一个不错的选择。但对于大型鸟类来说，着陆和起飞都是一个巨大的挑战。一般来说，滑翔机越大，飞行速度就越快。而空气动力学模型显示，桑氏伪齿鸟不可能以低于36千米/时的速度飞行。这是失速速度，低于这个速度，它们的翅膀就无法产生足够的升力，然后会像石头一样掉下来。这意味着，这只鸟不得不张开翅膀在水面上奔跑，直到速度至少达到36千米/时才能起飞。这是一个挑战：每小时36千米的速度是接近人类运动员最快的奔跑速度。然而，相对于空气的速度才是飞行的关键，因此有一种解决办法是逆风飞行。在逆风风速为18千米/时，像桑氏伪齿鸟这样大小的鸟类只需以每小时18千米的速度滑过水面就能起飞。

对于大型飞行者来说，着陆也是个问题。一般认为18千米/时是鸟类着陆时的最快速度，否则很有可能坠落受伤。同样，解决办法很可能是逆风着陆。但是，依靠风力起飞和着陆似乎是不稳定的。想象一下，如果鸟类降落到海面上觅食，但风力却减弱了，那么这时它就会被困在那里，成为鲨鱼或其他大型海洋捕食者轻易就可捕获的猎物。

> 这只信天翁正在利用水对其腿部的阻力来减慢着陆速度。

∨ 一只军舰鸟攻击红嘴鹲（*Phaethon aethereus*），诱使红嘴鹲反刍食物。

用餐困难

有人认为，桑氏伪齿鸟会像军舰鸟一样觅食，以此将起飞和着陆的需求降至最低。它们只需在飞行时从海面上抓取食物，或者骚扰其他鸟类，从而抢占这些鸟掉落的食物。军舰鸟只有在陆地上休息时才需要降落，它们可以连续飞行数周。然而，这种进食方式需要非常精确的飞行，而桑氏伪齿鸟是否足够敏捷令人怀疑。桑氏伪齿鸟更像一艘超级轮船而不是一艘快艇，它们需要很多的时间和空间来改变方向。信天翁降落到海面上，捕食移动缓慢的猎物或浮在水面上的动物尸体。即使是最大的信天翁也能贴着海面滑翔，然后在加快到可以升空的速度后起飞。因此，桑氏伪齿鸟很可能像巨型信天翁一样生活，但它们不得不将自己限制在可以依靠中速风力的水域。

^ 军舰鸟长时间处于飞翔状态，只有在休息和繁殖时才着陆。一些种类的军舰鸟拥有独特的红色喉囊，雄鸟在求偶时会将喉囊完全鼓起。

拉丁美洲的空中巨人

已知最大的飞鸟是一种巨大的史前南美物种，体重与成年人相当。通过观察它们的翅膀形状，我们可以推测，它们与秃鹫的生活方式相近，在陆地上靠食腐生活。当问到为什么现在生态系统中缺少如此巨大的鸟类时，我们需要考虑它们对栖息地的特殊需求。

阿根廷巨鹰

在阿根廷发现了一种比桑氏伪齿鸟更重的飞鸟化石。阿根廷巨鹰（*Argentavis magnificens*）生活在距今600万年前，估算体重约为70千克。同样，我们可以确信阿根廷巨鹰是一种飞鸟，它们有着长长的翅膀和充满空气的骨骼，能够减轻体重。不会飞的鸟类的翅膀在身体结构中占的比例非常小，主要用于求偶和平衡。它们的骨骼更重更结实，体重的大小对于它们来说不像对飞鸟那样重要。此外，阿根廷巨鹰的翼骨上有次生羽毛的附着点。次生羽毛具有空气动力学功能，只有飞鸟才有。由于阿根廷巨鹰庞大的体形，它们肯定主要运用滑翔飞行而不是扑翼飞行。但它们的翅膀与桑氏伪齿鸟的翅膀形状差异很大，这表明两类物种有不同的生活环境。

> 阿根廷巨鹰（*Argentavis magnificens*）
体重：70 千克。
与秃鹫相比，阿根廷巨鹰的喙看起来更像鹰，因此阿根廷巨鹰的进食策略可能结合了捕猎小型动物和食腐大型猎物的尸体。它们可能像鹭鸟一样，站着捕食地面上的动物。不过，如图所示，它们也会飞。

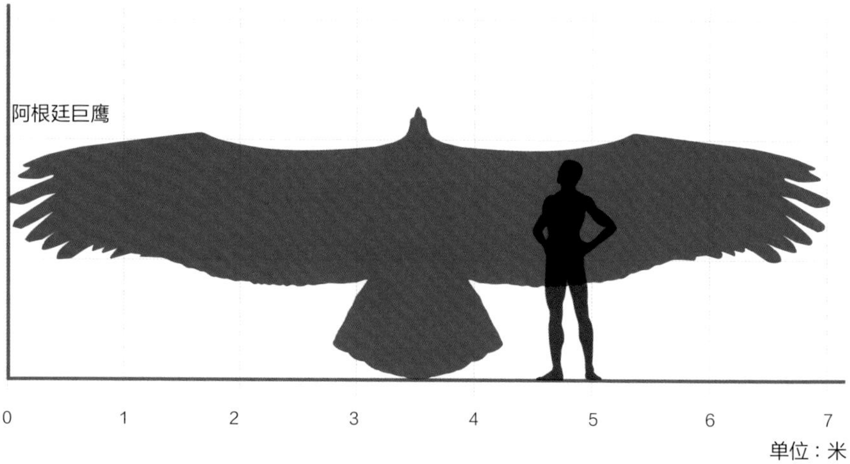

^ 阿根廷巨鹰庞大的体形。

两种不同的生活方式

在阿根廷的几个地点都发现了阿根廷巨鹰的遗骸。但都是在南美洲大陆内陆深处的岩石中发现的，因此我们可以推断它们不是一种海鸟。古生物学家还没有发现一套完整的阿根廷巨鹰翼骨，但根据已被发现的翼骨大小，他们推断阿根廷巨鹰的翼展并不比桑氏伪齿鸟长多少，大概有7米长，但可能要宽很多。翅膀的形状明确表明它们是在陆地上而不是水上翱翔。我们假定阿根廷巨鹰是一种食腐动物，就像现存的安第斯神鹫（*Vultur gryphus*）一样。它们以因意外、疾病、衰老或捕猎而死亡的大型动物尸体为食。

和桑氏伪齿鸟一样，起飞和着陆对于阿根廷巨鹰来说也是一项真正的挑战。空气动力学模型显示，阿根廷巨鹰的最低滑翔速度可能为65千米/时。借助逆风不可避免地成为安全着陆的必要条件。为了获得足够的起飞速度，阿根廷巨鹰可能有桑氏伪齿鸟这种海鸟所没有的选择。首先，阿根廷巨鹰会跳下悬崖。起初，它们会像石头一样坠落，但如果它们张开翅膀，那么当它们下落20米左右时，流经翅膀的气流速度就会提供足够的升力，让它们不再俯冲并滑翔飞走。悬挂式滑翔机通常就是这样起飞的，它们借助于悬崖壁向上偏转的风。其次，稍微不那么夸张的方式是，它们可能沿着斜坡向下奔跑以获得足够的速度。尽管阿根廷巨鹰的腿部形态表明它们更擅长行走而不是奔跑。也许，迎着逆风疾步下坡就足以帮助它们起飞。由此，我们可以得出结论，阿根廷巨鹰可能只生活在中等风速至强风的地区。

空中巨人的体形密码

在大体形会给飞行带来更大挑战的情况下，为什么桑氏伪齿鸟和阿根廷巨鹰会进化到如此巨大的体形，我们还不完全清楚。答案可能在于为食物而竞争。对于食腐大型动物尸体的阿根廷巨鹰来说，这种竞争可能尤为激烈。这些尸体可能会吸引其他鸟类或哺乳动物捕食者，阿根廷巨鹰可能必须长到更大，才能在食物的争夺战中保持自己的优势。

秃鹫没有很大的体形，可能是因为现在的环境无法养活它们。人们认为，600万年前的南美洲比现在更温暖、风也更大，这些条件有助于滑翔飞行。与此同时，这里足够湿润，植被丰富。反过来，这些植物又养育了大量动物，最终为阿根廷巨鹰提供了食物。很可能，当今世界上没有一个地区能兼顾上述生存条件。

如果桑氏伪齿鸟以漂浮在海面上的大型动物（如海洋哺乳动物）尸体为食，那么有关竞争的观点可能同样适用于这种鸟类。较大的体形能够捕获较大的活猎物。在觅食困难或无法觅食的情况下，大量的身体储备可以让它们维持很长一段时间。同样，也许今天没有任何水域能够提供可靠但又不至于强到阻碍飞行的风，又能为这种大型鸟类提供足够的食物。要让真正的巨型飞鸟存活下来，栖息地的几个方面必须恰到好处。

∧ 安第斯神鹫愿意分享非常大的动物尸体。

带翼的奇迹——蝙蝠

我们今天看到的另一种大型飞行脊椎动物是蝙蝠，尽管它们从未变得像鸟类这样大。事实上，目前还没有发现任何蝙蝠的化石能够显示它们比分布于东南亚各地的“大蝙蝠”大。“大蝙蝠”的体重很少超过 1 千克。蝙蝠的确没有最大的飞鸟那么大。但为什么会出现这种情况呢？

升力的限制

似乎没有出现过巨型蝙蝠，原因很简单，因为它们的飞行能力不如鸟类。与体重相同的鸟类相比，蝙蝠拍打翅膀的频率较慢，它们用于扑翼的肌肉也较少，因此每次扑翼的力量也较小。这种情况导致的结果是，蝙蝠不能产生足够的升力来抵消自身受到的重力。这可能的原因是鸟类拥有更高效的呼吸系统。尽管蝙蝠的肺对于它们这种体形的哺乳动物来说是过大的，但蝙蝠在提供飞行所需的能量方面还是不如鸟类。正如前面所讨论的，随着体形的增大，飞行所需的能量也会成比例地增加，因此蝙蝠不得不保持较小的体形。

< 即使在东南亚的城市地区，你也有可能幸运地看到泰国狐蝠（*Pteropus lylei*）。

^ 印度狐蝠（*Pteropus giganteus*）是世界上最大的蝙蝠之一，体重达 1.6 千克。除了上文中提到的限制，蝙蝠面临的另一个挑战是通过胎生繁衍后代。这意味着怀孕的蝙蝠可能要带着更多额外的重量飞行更长的时间，不像鸟类可以产下蛋，其中含有未发育成熟的胚胎。

然而，这未能解释为什么没有大型滑翔蝙蝠。蝙蝠从未进化到能够填补鸟类所占据的所有食物生态位，几乎所有的蝙蝠都以昆虫和水果为食。开发这些食物来源需要敏捷的身手，而体形大通常与精确飞行相悖。虽然大型秃鹫比信天翁更敏捷，但秃鹫仍然需要较大的空间才能转弯。当秃鹫降落去食用动物尸体时，你会发现它们缺乏精确的控制能力。它们往往在尸体附近着陆，然后走向尸体，因为它们无法足够迅速地抵抗任何阵风，也无法选择一个精确的着陆点，而是只能在目标的大致附近区域着陆。

哺乳动物和鸟类的肺部

人类和蝙蝠等哺乳动物将空气吸进肺部，然后再通过同一个管道（气管）将其排出。也就是说，它们有一半的时间没有吸收氧气，它们在收缩肺部呼气。这也意味着，它们将肺部的一些氧含量较低的空气推入气管，然后再次吸入，而不是从外界吸入完全新鲜的空气。相比之下，鸟类有更高效的呼吸系统，它们让源源不断的新鲜空气进入肺部。这意味着它们比哺乳动物更善于吸收氧气，从而满足飞行等高耗能活动的需求。

蝙蝠的呼吸与拍翼动作同步。这意味着它们可以运用同一块肌肉向下推动翅膀并关闭横膈膜呼气，从而节省能量。不过，它们的拍翼频率要在飞行的空气动力学以及高效呼吸之间做出折中。

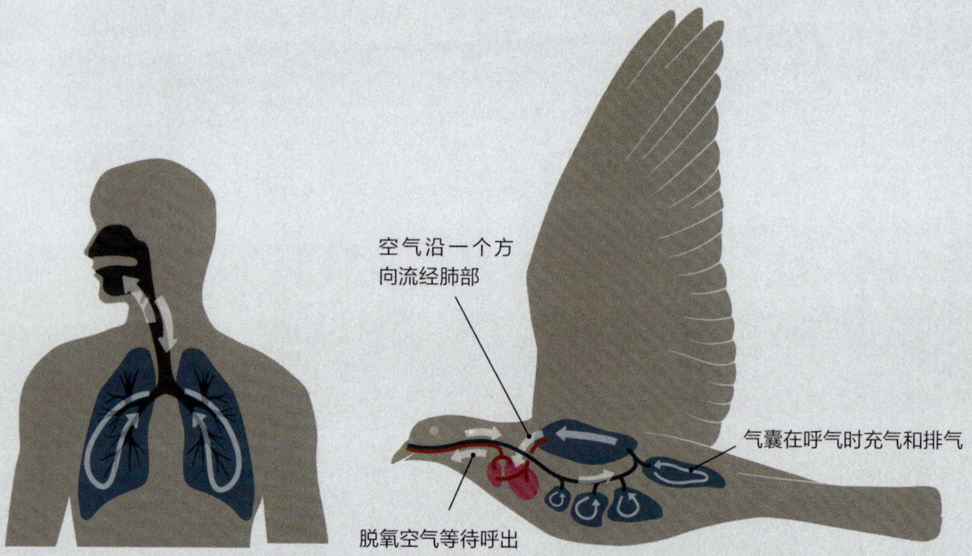

^ 鸟类的呼吸系统和人类的呼吸系统对比。

巨型翼龙

翼龙有时被称为会飞的恐龙。然而，这种说法并不准确，虽然翼龙与恐龙在同一时期出现，在同一时期灭绝，但翼龙与恐龙没有亲缘关系。事实上，大多数科学家认为，鸟类实际上是恐龙的直系后裔。与史前飞鸟一样，我们在翼龙中也发现了飞行巨人的证据。

无齿翼龙

除了鸟类和蝙蝠，第三类脊椎动物也学会了飞行。大约在恐龙时代，一个与恐龙毫不相关的爬行动物群体——翼龙——与早期的鸟类生活在同一片天空下。

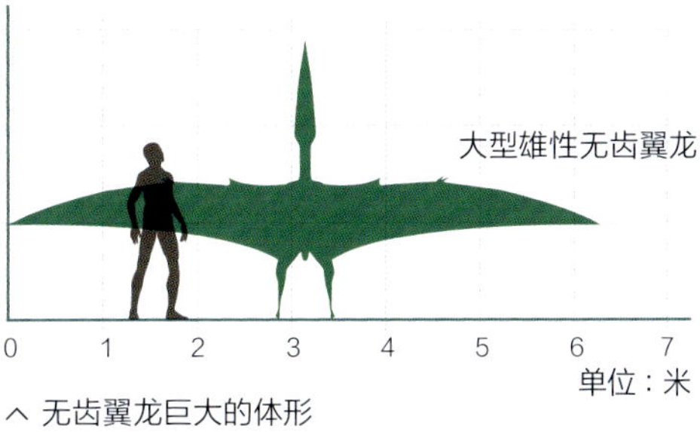

^ 无齿翼龙巨大的体形

其中有些翼龙确实非常大，无齿翼龙就是翼龙中的一类。无齿翼龙一些相对完整的骨骼化石显示，最大的无齿翼龙翼展不到7米，体重约为40千克，与本章前面讨论的已灭绝的巨型鸟类处于同等水平。与鸟类化石一样，这些远古动物长长的双翼和轻巧的骨骼明显说明它们是会飞的动物。

^ 无齿翼龙（*Pteranodon*）
体重：40 千克。
无齿翼龙似乎在海洋附近生活，我们主要在海洋的沉积物中发现了它们的遗骸。有时我们会发现保存在它们体内的鱼骨，这表明它们以鱼为食，也可能以海洋无脊椎动物为食。

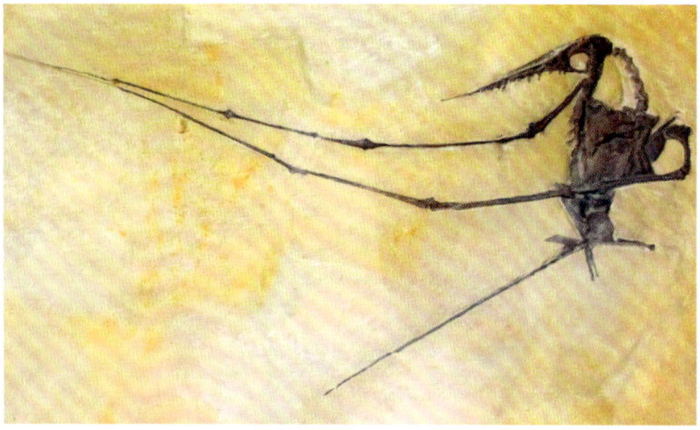

^ 这只翼龙似乎有一条异常长的尾巴。从这块保存完好的化石中可以看到它的尾巴与翅膀一起折叠在一侧。

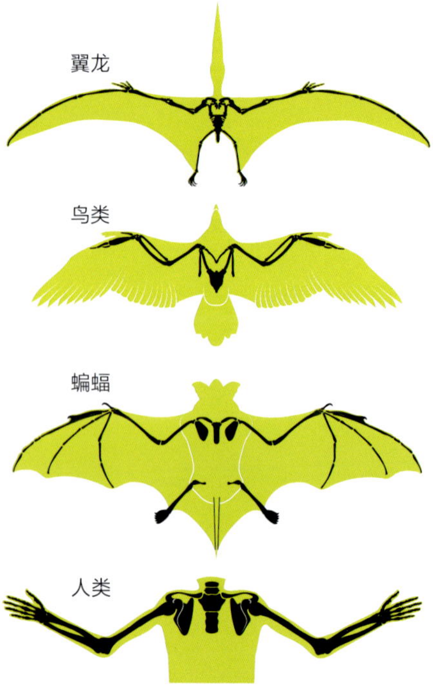

^ 翼龙只需要很少的骨头来支撑它们的翅膀。这也许在一定程度上解释了为什么这些爬行动物变得如此巨大，却仍能够飞行。

既非蝙蝠亦非鸟类

与已经灭绝的鸟类和蝙蝠相比，我们更加无法确定史前翼龙是如何飞行的，没有这类物种活生生飞行着的例子可供观察。我们可以将翼龙与鸟类和蝙蝠进行比较，但在比较时必须记住，翼龙与其他两类脊椎动物有着很大差别。

翼龙表面上更像蝙蝠而非鸟类，它们的双翼由一层裸露的皮肤薄膜组成，而不是由皮肤和羽毛构成。但是，翼龙的翅膀与蝙蝠的翅膀截然不同。蝙蝠的翼膜由四根手指支撑，四根手指可以独立活动，从而改变翅膀的形状。而翼龙的翼膜仅由沿着翅膀前端的一根细长手指支撑。相应的，这可能也让翼龙的翼膜比蝙蝠的翼膜更厚、更复杂、肌肉也更发达，这样翼膜可以绷紧且翅膀的形状可以控制。当然，这种差异意味着翼龙的飞行空气动力学可能与鸟类和蝙蝠有很大不同，实际上，目前人们对它们的了解还不透彻。

翼龙的身体也与蝙蝠完全不同。蝙蝠的后肢很短，短颈的末端长着小小的头部，而翼龙的后肢很长，长颈的末端长着大型的喙形头。这表明翼龙的生活方式可能与蝙蝠完全不同，如前所述，几乎所有蝙蝠都吃昆虫和水果。

通过比较翼龙和鸟类的形态，科学家认为大型翼龙的生活方式与大型鹳鸟和鹭鸟相似。鹳与鹭在地面上行走，捕捉鱼和青蛙等小型动物。与此同时，我们从陆地运动物理学的知识了解到，翼龙在地面上行走要比蝙蝠舒服得多，这仅仅因为它们的后肢比蝙蝠长。带有翼龙脚印的化石表明，翼龙可以行走甚至奔跑，此时它们将翅膀折叠起来以免碍事。

翼龙会飞吗？

毫无疑问，即使是体形最大的无齿翼龙也会飞。否则就很难解释它们为何长着如此巨大的翅膀。而且，它们的骨骼化石中有许多我们今天只能在飞行动物身上发现的特征。例如，中空、轻量的骨骼以及肌肉连接的地方，这些都表明它们有强壮的肌肉，而这种肌肉只用于扑翼飞行。尽管如此，如果翼龙的觅食方式与大型鹳鸟和鹭鸟相似，那么它们可能大部分时间都在地面上活动，偶尔飞行只是为了躲避捕食者或移到新地方去觅食。虽然鹳和鹭可以行走，但有时它们会发现，短途飞行到新的觅食地会更快，也更省力。飞行还提供了快速进行空中勘察的机会，以便选择一个好地方重新寻找食物。

^ 人们认为翼龙可以把翅膀折叠起来，这样它们就可以四肢着地行走，就像这幅艺术家的作品所展示的那样。

无齿翼龙的巨大体形可能足以吓退一些潜在的捕食者，而只需跑走就能应对其他捕食者。但面对一些陆生捕食者时，飞上天空可能是最好的逃生手段。

翼龙的起飞和着陆

鉴于最大的无齿翼龙与已灭绝的最大的飞鸟有着相近的翼展，但无齿翼龙却轻得多。因此，尽管起飞和着陆为无齿翼龙带来的挑战仍然很大，但会比最大的鸟类稍容易一些。鹳和鹭的觅食方式并不需要特别精准的着陆，我们可以推测，大型无齿翼龙也倾向于在河口、浅湖、沼泽和其他基本平坦、清澈、地质柔软的栖息地觅食，这些地方更有利于颠簸着陆。

就起飞而言，目前最流行的说法是，即使是最大的无齿翼龙也可以跃入空中，然后扑翼一段时间以提升高度，之后再寻找一些上升气流。非常小的鸟类可以站立起飞，但大型鸟类却不行，它们需要通过张开翅膀奔跑来升空。有一种说法是，与鸟类不同，无齿翼龙可以利用肌肉力量，腾空而起。这一动作可以让它们实现站立起飞。然而，我们并不清楚这种说法是否可能。小型鸟类可以当场起飞，它们可以在跃入空中的同时足够快速地拍打翅膀，从而产生升力。大型无齿翼龙似乎不太可能快速扑翼，它们的翅膀有7米长。最大的翼龙更有可能是在奔跑中起飞的，就像现今的大型鸟类。它们长长的后肢有助于两足快速奔跑，起飞时它们会张开翅膀，这是为了保持平衡，同时也为在越跑越快的时候提供升力。鸟类（或翼龙）在平坦、空旷的河口和湿地觅食的一个优势是，它们可以看到很远的地方飞来的捕食者，因此能有足够的时间起飞。

超大型翼龙

你有可能看到过关于一类翼龙的报道，它们与无齿翼龙不是近亲，而且体形可能更大。如果估算正确的话，那么这些翼龙是有史以来最大的飞行动物，它们的翼展超过10米，体重可能是成年人类的3倍（260千克）。这些庞然大物被命名为诺氏风神翼龙（*Quetzalcoatlus northropi*）、哈特兹哥翼龙（*Hatzegopteryx thambema*）

∨ 这幅图描绘了诺氏风神翼龙飞行的样子，其色彩可视为是一种艺术呈现。

和阿氏翼龙（*Arambourgiania*）。因此，我们对这些动物的了解只能停留在猜测阶段。

在这三种巨型翼龙中，已发现化石最多的是诺氏风神翼龙。已经发现的包括它们一块完整的54厘米长的骨头，以及一个翅膀上的一些骨头碎片。

诺氏风神翼龙生活在约6600万年前，它们很可能具有飞行能力。我们所知的所有翼龙都会飞，而我们所掌握的诺氏风神翼龙的化石材料显示，它们有该类动物所特有的轻量骨骼。然而，仅凭一块骨头就想推测出一种已灭绝动物的整体情况，这比推测这里讨论过的其他动物需要更多的想象力，同时也导致了更多的不确定性。

虽然目前对于诺氏风神翼龙体重的最佳猜测是260千克，但在过去的十年中，根据对整个生物体可能形态的假设，该物种的研究人员也曾估算出低至64千克和高至540千克的体重值。因此，在我们获得更多化石材料作为指导之前，对这些可能的庞然大物进行猜测是最安全的。从目前已经发现的一千多个化石材料来看，我们可以相当肯定的是，在恐龙时代，无齿翼龙在最大飞行者之列。遗憾的是，6600万年前，一颗巨大的小行星撞击了地球，由此产生的尘埃云笼罩了整个地球，这些巨型无齿翼龙与恐龙便一起灭绝了。

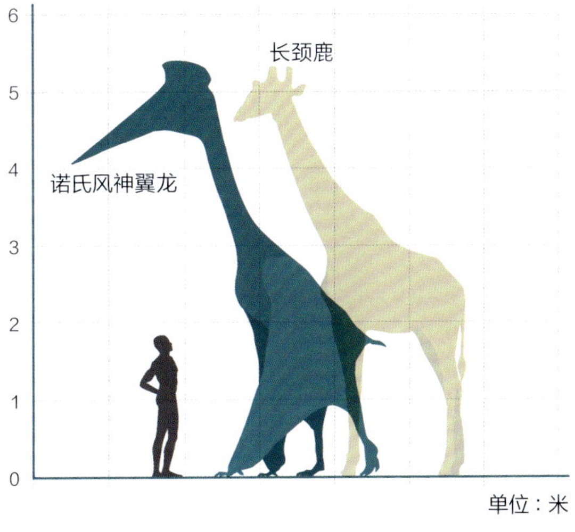

> 诺氏风神翼龙（*Quetzalcoatlus northropi*）
翼展：10 米。
这种翼龙站立的高度使它们不那么容易受到捕食者的攻击，光是体形也会让许多攻击者望而却步。

不会飞的大型鸟类

现存最大的鸟类不会飞。并不是所有不会飞的鸟类都体形庞大，但最大的鸟类比成年人类还高。我们知道这些鸟类是从会飞的祖先进化来的，它们的某些解剖特征（最明显的是它们的翅膀）解释了这一点。然而，飞行的成本是很高的，对于某些物种来说，飞行带来的益处没有要付出的代价多。

现存最大的鸟类

南美洲的美洲鸵（美洲鸵目中的三个物种）体重可达40千克；澳大利亚的鸸鹋（*Dromaius novaehollandiae*）重达50千克，鹤鸵（鹤鸵属的三个物种）重达60千克。最大的鸟类是非洲鸵鸟（*Struthio camelus*），其中最大的个体重达150千克。

所有这些鸟类都是从体形较小且会飞的祖先进化而来，随着时间的推移，它们的体形逐渐变大，直到最后大到无法飞行。当这种情况发生时，这些鸟类就不再需要巨大的翅膀以及拍打翅膀所需的强健肌肉了。因此，现在它们有着相对较小的翅膀，除了偶尔在奔跑时保持平衡和在求偶时跳舞，它们很少用到翅膀。

> 上图：南美洲大美洲鸵（*Rhea americana*）。
中图：澳大利亚的鸸鹋（*Dromaius novaehollandiae*）。
下图：澳大利亚南部的鹤鸵（*Casuarius casuarius*）。

巨型恐鸟

如果现存一种不会飞的巨鸟已经灭绝，那么我们仅从它的骨骼就能知道它是不会飞的。它的翅膀太短，胸部的骨骼既不够大也不够强壮，无法支撑巨大的飞行肌。一些已经灭绝的巨鸟遗骸正显示出这些迹象。直到距今600~700年，新西兰还生活着几种不会飞的大型鸟，它们被称为恐鸟。其中最大的是南岛巨型恐鸟（*Dinornis robustus*），身高约为成年人的2倍，体重为230千克。

当时，新西兰的森林茂密，因此就像现存的鹬鸵一样，恐鸟是生活在森林中的杂食动物，以水果、嫩芽、种子、真菌以及任何它们能捕捉到的无脊椎动物和小型脊椎动物为食。不幸的是，新西兰缺少哺乳动物，恐鸟在大约1250年就成为早期人类殖民者的目标猎物。显然，恐鸟和它们产下的蛋都是一顿丰盛的美餐。恐鸟很容易被捕捉，在人类到来之前，它们没有地面上的捕食者。

不幸的是，在人类来到新西兰的150年内，所有的恐鸟都已灭绝。

^ 恐鸟巨大的体形。 单位：米

^ 南岛巨型恐鸟（*Dinornis robustus*）
体重：230 千克。
恐鸟究竟有多少种？目前尚存在分歧，但毫无疑问的是，有些恐鸟确实很大。即使不把长长的脖子考虑进去，最大的恐鸟的肩高也超过了一个成年男性的身高。

< 人类手持长矛等投掷武器，即使是体形最大的恐鸟也是人类容易捕获的猎物。在恐鸟还未来得及对人类产生恐惧之前，人类就已经将恐鸟消灭。

一种巨鹰

一般来说，猛禽并不可怕。出于我们已经讨论过的原因，与不会飞的同类相比，飞鸟往往体形较小且体重较轻。

此外，猛禽倾向于捕食比自己小很多的猎物。一个原因是它们只能携带较小的动物到安全的栖息处，以便在闲暇时食用。另一个原因是在制服猎物时对翅膀的损伤可能会使它们无法飞行。然而，直到最近，新西兰仍缺少哺乳动物掠食者。这就为一种巨鹰留下了生存空间，这种鹰似乎以巨型恐鸟为食。

新西兰的顶级掠食者

在人类到来之前，恐鸟确实有一个天敌。体形大到能够把人叼走的鹰，严格来说是希腊神话中的东西，但新西兰南岛曾有一种巨鹰，根据毛利人的传说，它们的体形大到足以攻击儿童。哈斯特鹰（*Harpagornis moorei*）体重达到15千克，但它们的翅膀相对体形来说显然很短，翼展“只有”3米。从骨架可以看出，哈斯特鹰的骨骼又大又结实，这种构造意味着它们已经进化到能够附着异常巨大的飞行肌肉和腿部肌肉。

哈斯特鹰就像是美洲角雕（*Harpia harpyja*）的放大版本，其体重比角雕重约30%。如今在南美洲的森林和丛林中可以找到角雕。角雕不会长时间飞行，而是坐着寻找猎物。当它们看到树懒或猴子时，它们会用巨大的肌肉从栖息处弹起并升空，然后用短小的翅膀以极快的速度和极高的可控性飞行。这种飞行非常耗能，但如果使用频率较低还是可以持续的。这类似于猎豹（*Acinonyx jubatus*）的短跑冲刺。

即使是体形最大的恐鸟，如果被一只哈斯特鹰肌肉发达的腿击中，那么也可能会被击晕。哈斯特鹰的体重与大型犬相当，飞行速度可以达到80千米/时。一旦恐鸟被击晕，哈斯特鹰就可以着陆，用它们凶猛的喙将恐鸟咬死然后慢慢食用。哈斯特鹰知道没有哺乳类食肉动物会偷走它们的战利品。哈斯特鹰大约是在最后一只恐鸟灭绝后消失的，这表明不会飞的鸟类确实是哈斯特鹰的主要食物来源。

∨ 哈斯特鹰（*Harpagornis moorei*）

体重：15 千克。

虽然这里描绘的是哈斯特鹰攻击一只大型恐鸟，但是哈斯特鹰很可能会主要捕食较小的物种和幼鸟。

遥远的海岸

新西兰和澳大利亚曾经与南极洲相连。但在大约8500万年前，新西兰从南极洲分离出来并开始漂移。当时，哺乳动物是非常次要的角色，恐龙仍然统治着地球。在大约6600万年前的白垩纪—古近纪大灭绝事件之后，随着恐龙的灭绝，澳大利亚的早期哺乳动物开始蓬勃发展，并进化成我们今天看到的多种有袋类动物。然而，由于某种原因，也许只是偶然机会导致的结果，新西兰早期的哺乳动物并没有存活太久就灭绝了。

当人类到达新西兰时，那里仅有的哺乳动物是蝙蝠，部分原因在于与南极洲的分离以及岛屿的偏远。此外，新西兰周围的盛行风和洋流通常会把飞行和漂浮在海洋上的动植物推远而不是拉近。正是由于缺少大型掠食者和竞争者，不会飞的鸟类才得以繁衍生息，占据了鹿和猪在其他地方所在的生态位。新西兰独特的环境也意味着它是地球上最后一个被人类居住的地方。

∨ 波利尼西亚船只经受住了漫长的海上航行，最终到达新西兰。

非洲巨型鸟类

非洲是地球上现存最大的鸟类——鸵鸟的栖息地。在非洲还发现了一些史上最大的鸟类物种的遗骸，它们就是曾生活在马达加斯加岛上的象鸟。本章继续探讨巨型鸟类，我们将更近距离地观察这些现存的和已灭绝的非洲鸟类，以了解是怎样的自然选择压力促使它们进化到如此大的体形。

现存最大鸟类——鸵鸟

正如前面所述，由于新西兰缺少哺乳动物捕食者，不会飞的大型恐鸟才得以在此繁衍生息。因此，有理由怀疑，鸵鸟与大型猫科动物、非洲野犬（*Lycaon pictus*）和鬣狗一同生活在非洲大草原上，那么鸵鸟是如何生存下来的呢？

事实上，所有这些捕食者都不时地以鸵鸟作为目标猎物，但要捕获一只鸵鸟并非易事。偷袭一只近3米高的庞然大物可能会很棘手。如果足够警惕，那么鸵鸟可以伸展长腿，以每小时64千米的速度奔跑。鸵鸟拥有鸟类高效的呼吸系统，这意味着它们保持这种速度奔跑的时间比哺乳动物捕食者冲刺的时间更长。

即使鸵鸟被逼到绝境，要将其杀死也不那么容易。鸵鸟以其强有力的踢腿而闻名，能一脚踢死人类。由于这些原因，捕食者通常会选择更容易捕获的猎物。

∧ 鸵鸟（*Struthio camelus*）
体重：150 千克。
虽然鸵鸟已经失去了飞行能力，但它们从体形较小且会飞的祖先那里保留了带羽毛的小翅膀（图中可见其身体周围的羽毛状物质）。鸵鸟的翅膀主要用于求偶表演、遮蔽鸟蛋、遮蔽刚孵化的雏鸟，以及在崎岖地面奔跑时保持平衡。

象鸟

比新西兰恐鸟体形更大的是马达加斯加的象鸟。其中最大的象鸟身高超过3米，体重在350~500千克。它们产下的蛋重约10千克，这是迄今为止最大的鸟蛋，每个相当于约150个鸡蛋。基于象鸟的形态以及我们对人类广泛分布之前马达加斯加栖息地的了解，这些象鸟可能与恐鸟有着类似的生态环境。象鸟很可能是从体形更小的祖先进化而来。它们的祖先飞到岛上后，在这个既没有大型有蹄食草动物，也没有哺乳类食肉动物的栖息地，变成了体形巨大且不会飞的物种。大约2000年前，自人类首次登陆马达加斯加以来，象鸟的数量一直在减少。大约在17世纪或18世纪的某个时候，象鸟灭绝了。

‹ 象鸟（*Aepyornis* sp.）
体重：500 千克。
尽管象鸟的蛋非常大，但幼鸟需要一段时间才能发育成熟。不过，鸟类的生长速度一般都很快，一岁大的鸵鸟并不比它们的父母小多少。象鸟的幼鸟可能会与它们的父母在一起，从而获得更多的保护，免受捕食者的伤害。

∨ 一个精美的象鸟蛋旁边是一个鸡蛋，让人对它们的大小一目了然。

恐怖鸟

一定是在非常倒霉的情况下，你才会被任何现存的巨型鸟类杀死。但在 500 万年前的南美洲平原上，情况却大不相同，当时的顶级掠食者是那些名字引人注目的恐怖鸟。在此，我们将讲述目前对于这些鸟类的认知，然后在本章的最后，思考一下为什么巨型鸟类没有长到更大。虽然有些鸟类比人类大得多，但就连最大的不会飞的鸟类也从未进化到最大的哺乳动物和爬行动物那么大。

致命的掠食者

本章最后要讨论的巨兽有一个名字，叫作恐怖鸟，这应该会吸引那些喜欢真正恐怖的人的注意。这些鸟类掠食者从未杀害过任何人类，但仅仅因为这里没有人类可杀。距今6200万~200万年的这段时期，恐怖鸟一直是横跨南美洲的顶级掠食者。化石证据显示，最大的恐怖鸟高3米，体重150千克，腿部肌肉发达，能以每小时50千米的速度前进，并能进行强有力的踢腿。然而，恐怖鸟与迄今为止讨论过的所有其他不会飞的鸟类是有区别的，这种区别也是恐怖鸟作为明确的食肉动物的标志，即它们有力的、能够撕裂肉体的喙。

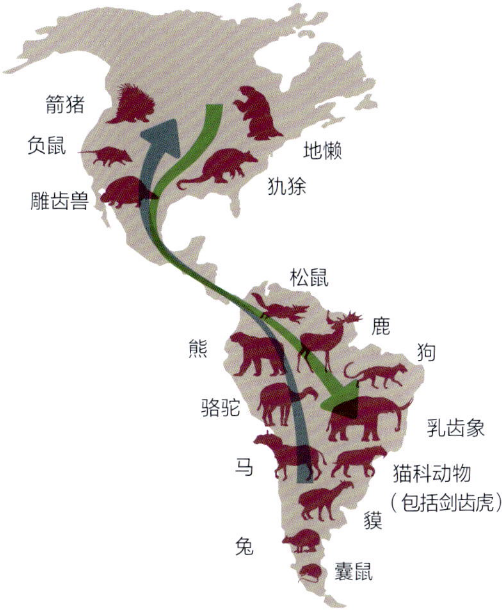

^“南北美洲生物大迁徙”发生在大约 250 万年前，这种迁徙很可能最终导致了恐怖鸟在竞争中灭绝。

可怕的灭亡

更通俗地说，导致恐怖鸟灭绝的是地质变化。大约250万年前，南北美洲被

^ 恐怖鸟巨大的体形。

一片汪洋大海分隔开来，两块大陆上进化出了截然不同的动物群落。在南美洲，几乎没有大型哺乳类食肉动物，恐怖鸟类占据主导地位。然而，在距今大约250万年时，海平面下降，形成了巴拿马地峡并架起了一座大陆桥。这导致了“南北美洲生物大迁徙”，动物们开始在两块大陆之间移动。熊、狗和大型猫科动物从北美洲迁往南美洲，它们普遍被认为在竞争中战胜了恐怖鸟。泰坦巨鸟（*Titanis walleri*）是恐怖鸟类中最大的一种，实际上它们是恐怖鸟家族中唯一向北迁徙的成员。泰坦巨鸟一直迁徙到了现在美国的佛罗里达州，但它们在那里也不是特别常见，几十万年后就完全灭绝了。

为什么没有真正的巨型鸟类？

不论现在还是过去，都有一些大型的鸟类，它们却不是真正意义上的巨型鸟类。随着体形的增大，用翅膀产生的升力来抵消重力的问题很容易解释为什么没有真正的巨型飞鸟。然而，现存和已灭绝的最大鸟类都是不会飞的。虽然鸟类已经存在了数千万年，但它们从未进化到像其他脊椎动物在相似的时间段达到的那种体形。没有证据表明鸟类的体重曾经超过500千克。确切来说，较轻的奶牛体重约500千克，但大象的体重是奶牛的10倍，而一些最大的恐龙可能要重100倍。

鸟类之所以从未达到非常大的体形，主要原因在于它们独特的特征。鸟类的硬壳蛋几乎总是由父母一方或双方提供热量来进行孵化。有人认为，随着鸟类体形的增大，蛋壳必须变得更加坚硬，这样成年鸟类才能坐在蛋上孵化而不至于将蛋压碎。但蛋壳越厚，氧气就越难渗入蛋壳让里面的雏鸟呼吸。当雏鸟准备好要孵出时，它们也会变得更难破壳而出。然而，这可能并不是全部的答案。许多爬行动物会把它们的蛋埋在地下，想想埋在沙滩下几十厘米深处的海龟蛋。相比之下，在露天环境下的鸟蛋似乎相对容易渗透氧气。此外，在雏鸟想要孵出时，成鸟进化到能够帮助雏鸟敲碎蛋壳，这似乎也不是不可能。尼罗鳄（*Crocodylus niloticus*）就进化出了这种行为，当它们听到小鳄鱼发出要孵出的叫声时，就会把蛋放在嘴里滚来滚去。隶属冢雉科的营冢鸟甚至放弃了由父母孵化的方法，而是像爬行动物那样，将鸟蛋放在温暖的基质中孵化。

因此，也许没什么能够阻止鸟类变成巨人，但由于哺乳动物通过胎生产下的幼崽数量很少，因此长到巨大的体形对哺乳动物来说更容易一些。在过去的6600万年里，哺乳动物更容易填补大型动物的生态位。在此之前，这些生态位已经在鸟类出现之前被巨型恐龙填补了。如果哺乳动物与恐龙同时灭绝了，那么也许今天地球上就会出现5吨重的火鸡。

< 泰坦巨鸟（*Titanis walleri*）
体重：150 千克。
如果有其他动物企图夺走恐怖鸟的猎物，那么这种动物不是非常勇敢就是非常饥饿。恐怖鸟强壮的后肢、锋利的爪子和凶猛的喙足以击退许多竞争者。

第六章　巨型昆虫

被命名的昆虫超过了100万种，相比之下，鸟类只有约1万种，哺乳动物只有约5000种。虽然我们并不认为昆虫是大型动物，但有些昆虫的体形还是非常惊人的。目前最大的昆虫纪录由一只雌性巨型沙螽（*Deinacrida heteracantha*）保持，它是在2011年由史密森尼国家自然历史博物馆的马克·莫菲特（Mark Moffett）在新西兰的一个小岛上发现的。这只昆虫界巨物的体重大约是普通老鼠或麻雀的3倍。

巨型陆生昆虫

巨型沙螽绝不是地球上唯一真正的巨型昆虫，但考虑到第五章中关于鸟类的讨论，这个昆虫纪录保持者不会飞也就不足为奇了。尽管至少在成虫阶段，飞行能力是昆虫群体中非常普遍且重要的特性。无数种类的甲虫生活在许多不同的环境中。虽然它们在成虫时有翅膀，但飞行并不常见。因此，巨型沙螽似乎是寻找巨型昆虫的一个良好开始。

新西兰可怕的蚱蜢

沙螽（既指个体也指类群）是指原产于新西兰的38种蚱蜢般的大型昆虫，它们的属名（*Deinacrida*）在希腊语中意为“可怕的蚱蜢”。新西兰的地理位置非常偏远，因此人类直到700年前才开始在此定居。这种与世隔绝意味着，在人类到来之前，岛上除了蝙蝠没有其他哺乳动物。在世界大部分地区，夜间杂食动物的生态位由啮齿类动物填补，而在新西兰，这一生态位则是由沙螽填补。

在大型沙螽物种中，雌性比雄性要大得多，因此发现的最大沙螽是雌性也就不足为奇了。这种两性异形现象被认为是雄性之间竞争的结果，因为体形较小的沙螽行动更方便，所以更容易找到雌性并与之交配。这只破纪录的沙螽还有一个优势，就是在称重时携带着满满一肚子的卵。巨型沙螽被限于一个直径仅6千米的小岛上。因此，它们的巨大体形也可以理解为岛屿巨型化的一个例子。岛屿巨型化是指当被限于一个岛屿之上时，体形较小的动物通常会进化出更大的体形。

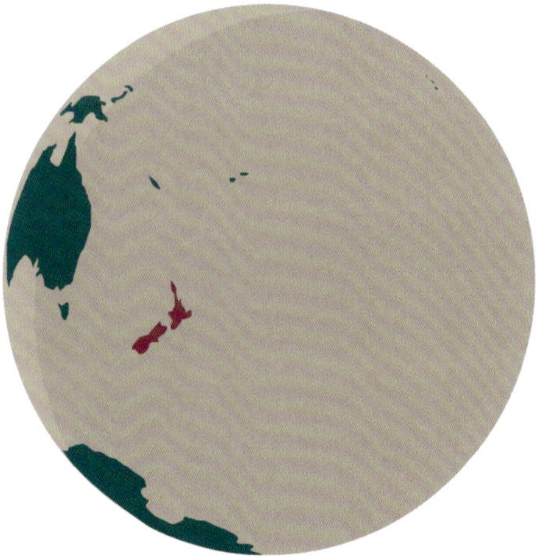

^ 太平洋几乎占据了地球的一半，新西兰与最近的主要大陆之间有大量水域。

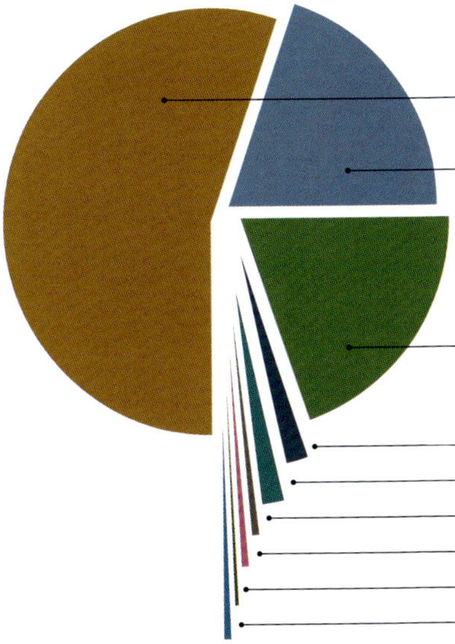

^ 昆虫的种类比任何其他生物类群都要多很多。迄今为止，被命名的所有物种中有 66% 是昆虫。

最大的甲虫

在所有已命名的昆虫物种中，约有一半是甲虫，因此这个群体中难免会有一些体形巨大的甲虫。其中包括：毛象大兜虫（*Megasoma elephas*）、歌利亚甲虫（大王花金龟属的五个品种之一）和泰坦甲虫（*Titanus giganteus*）。泰坦甲虫的成虫体长可达15~18厘米，体重约50克。你可以在非洲的森林里找到歌利亚甲虫，而泰坦甲虫和毛象大兜虫则分布在南美洲和中美洲。幸运的是，这些昆虫对人类没有很大兴趣，它们通常吃水果，其余大部分时间都专注于寻找配偶。

^ 小巴里尔岛巨型沙螽（*Deinacrida heteracantha*）
体长：75 厘米。
小巴里尔岛巨型沙螽的体重可达 70 克。虽然它们曾限于小巴里尔岛，但最近已被迁移至新西兰其他一些非常小的岛上，那里没有引入哺乳动物掠食者。

不过，这些物种的成虫并不是真正的庞然大物，其体重只有未成熟幼虫的一半。未成熟幼虫是典型的蠕动的白蛴螬，以腐烂的木头为食。这些幼虫完全长成后的体重可超过100克，它们在这时化蛹。在蛹内，幼虫的组织被分解和重组，形成与幼虫截然不同的成虫（就像化蛹成蝶一样）。新生的成虫比起化蛹前的幼虫要轻很多。原因之一是幼虫的一些能量在重组过程中消耗掉了。此外，幼虫身体的一部分贡献给了保护性蛹皮，从幼虫到成虫的转化是在蛹皮内发生。有些幼虫组织不适合转化，被弃置于蛹皮内。一旦成虫出现，它们就不会再继续生长了。它们只吃能够维持自己生命的食物，以寻找配偶，然后在某个地方产下一批卵（假如是雌虫）。

∨ 毛象大兜虫的雄性体长可达 120 毫米。这只毛象大兜虫用了近三年时间才成年，成年后最多可以再活一年。

∨ 这些毛象大兜虫的幼虫在蜕皮成为成虫前还需要生长一段时间。

巨大的飞虫

提到大型飞行类昆虫，我们可能会想到蝴蝶和飞蛾，因此它们似乎是理想的研究对象。然而，根据前面有关甲虫的讨论，我们可以预计，对于特定的蝴蝶种类来说，幼虫最终达到的体重实际上会比化蛹后会飞的成虫更重。

大型鳞翅目昆虫

巨型沙螽没有翅膀，虽然前面提到的毛象大兜虫在成年后有翅膀，但飞行并不是它们生活中的主要部分。如果你想寻找巨型飞行类昆虫，那么亚历山大鸟翼凤蝶（*Ornithoptera alexandrae*）、乌桕大蚕蛾（*Attacus atlas*）或白女巫蛾（*Thysania agrippina*）最合适不过了，它们的翼展都在28~30厘米。实际上，亚历山大鸟翼凤蝶体形庞大，飞行速度缓慢。欧洲人早期采集的标本都是用小型猎枪击落的。由于体重轻更容易飞行，这些大蝴蝶远没有前面提到的陆生昆虫那么重，因此它们的幼虫自然也没有那么大。

由于飞行类昆虫在雨林树冠的高处进食，与大多数蝴蝶相比，它们有在高空飞行的习惯，因此很难捕获。在进入蛹期时，由于能量被用于蜕变的过程，并且不是所有的幼虫组织都能被回收再用于成虫，因此幼虫的体重总是大于破蛹而出的成虫。

> 乌桕大蚕蛾的翼展可达 30 厘米，但请注意它们的身体却短得不成比例。

< 亚历山大鸟翼凤蝶（雄性）
（*Ornithoptera alexandrae*）
翼展：20 厘米。
雌性不像这只雄性那样色彩斑斓，但雌性体形更大，翼展约25厘米，体重约12克。

名字的含义

说点题外话，任何人看到白女巫蛾幽灵般苍白的外形都能很好地理解它们的名字。对于了解希腊神话的人来说，阿特拉斯蛾的名字也同样不足为奇。但亚历山大鸟翼凤蝶这个名字就需要更多解释了，尽管“鸟翼”清楚指出了它们的体形大小。1907年，为沃尔特·罗思柴尔德（Walter Rothschild）勋爵工作的一位收藏家在欧洲发现了这一物种，当时亚历山大王后嫁给了英国国王爱德华七世，由此得名。罗思柴尔德出身于一个英国银行家家庭，社会关系广泛。但他对银行业毫无兴趣，也没有这方面的天赋。因此（也许让家族其他人感到欣慰的是），他致力于研究自然世界。罗思柴尔德聘请收藏家建立了一个庞大的私人博物馆，藏有30万张鸟皮、200万枚鸟蛋、200多万只蝴蝶以及成千上万的其他标本。他还拥有自己的动物园。如果你在常用的搜索引擎中输入他的名字，那么很快就能找到他坐在斑马拉的马车上或骑在巨型陆龟上的照片，照片中他将生菜叶子系在棍子末端，然后将棍子伸到动物前面以激励它们前进。1937年罗思柴尔德去世后，博物馆被赠予公众，并在伦敦郊外特林原址向公众开放。由于一些可食用睡鼠（*Glis glis*）从动物园逃了出来，在当地仍有1万只左右的睡鼠在繁衍，因此从某种意义上说，罗思柴尔德的动物园现在还存在。

神奇的蝇类和豆娘

世界上最大的蝇类可能是生活在中美洲和南美洲的木蝇——贝丽大虻（*Pantophthalmus bellardi*）。贝丽大虻的幼虫钻进木头里，并在木头里觅食，直到变为成虫。成虫的翼展可以超过8厘米，尽管它们似乎很不情愿飞行。贝丽大虻成虫的寿命只有几天，它们不进食，而是完全专注于交配并在合适的树上产卵。不过，你需要主动去寻找这种蝇，它们对你和你的野餐都不感兴趣。

另一种巨型蝇类是巴西的英雄拟食虫虻（*Gauromydas heros*），它们的体长约6厘米。人们对这类物种知之甚少，只知道其成虫比木蝇寿命更长，并且以甜花蜜为食。因此它们很可能被你的野餐吸引过来。如果有一只和你的三明治一样大小的蝇飞过来大快朵颐，那么请保持冷静，然后自信地说出“啊，英雄拟食虫虻”，并拍张照片发给你的朋友们。

来自中国的蛇蜻蜓——越中巨齿蛉（*Acanthacorydalis fruhstorferi*），有着接近22厘米的翼展。蛇蜻蜓在美洲和亚洲等地都很常见。它们通常体形巨大，许多种类的翼展超过15厘米，但很少被人类看到。它们从幼虫开始在水下生活，很像蜻蜓和豆娘，但成虫并不像蜻蜓和豆娘那样是敏捷的捕食者。相反，越中巨齿蛉是笨拙的夜间活动者，寿命只有几天，一般只是交配和产卵，对食物不感兴趣。

‹ 在北美洲东部湍急的水流附近，你很有可能看到具角鱼蛉（*Corydalus cornutus*）。它们的颜色并不鲜艳，但体长可超过 14 厘米。注意它们巨大的下颚，这看起来纯粹是为了装饰或恐吓，成虫在它们生存的几天时间里似乎并不进食。

巨翅豆娘（*Megaloprepus caerulatus*）是豆娘类中最大的物种，它们的翼展达到19厘米。与蜻蜓目所有物种一样，巨翅豆娘是异常敏捷的飞行者，并利用这种能力从蜘蛛网上抓蜘蛛吃。不过，与大多数同类不同，你不会看到巨翅豆娘在池塘上空盘旋，它们在中美洲和南美洲雨林的高处产卵。巨翅豆娘在树上寻找形状大小合适的树洞，收集雨水，形成一个小型池塘。这样做的好处是，这些空中小池塘里不会有鱼类捕食者来吃掉卵或幼虫，并且水中应该有较小的动物供幼虫捕食。许多其他昆虫也利用这些空中栖息地躲避鱼类捕食者。有些青蛙甚至爬到树上为它们的卵寻找安全之地，不过，如果选错了池塘，那么它们的卵最终可能沦为发育中的巨翅豆娘幼虫的美餐。

狼蛛鹰

顾名思义，狼蛛鹰捕食狼蛛，不过狼蛛鹰实际上是黄蜂，而非鸟类。全球有至少250种狼蛛鹰，分为蛛蜂属和半蛛蜂属。雌性狼蛛鹰会蜇狼蛛并让它们瘫痪，然

^ 狼蛛鹰是一种寄生蜂，雌蜂捕获狼蛛并在其中产卵。
成年雌蜂吸取花蜜为食。

后把它们拖到已经挖好的洞穴里。在这里，狼蛛鹰会在狼蛛身上产下一颗卵，卵孵化成幼虫后，幼虫会钻进仍然活着却无法动弹的狼蛛体内，并以狼蛛为食。产卵后，狼蛛鹰将洞穴入口封住，以阻止其成为其他同类为幼虫捕获的食物。然后，狼蛛鹰在下一次产卵时重复这一过程。它们让狼蛛活着，是为确保幼虫的食物尽可能新鲜。

狼蛛鹰的幼虫以蜘蛛为食，并在蜘蛛体内度过整个幼虫生命阶段，直到最终成为成虫。成虫从狼蛛体内钻出，然后出发去寻找配偶。雄性成虫的生活比雌性成虫枯燥很多，雄性成虫只是交配，并通过吸食花蜜来保持体力。

雌性狼蛛鹰对人类没有攻击性，但如果你徒手捕捉它们，那么它们就会蜇你。根据施密特刺痛指数（一种衡量膜翅目昆虫叮咬的疼痛感等级的指标），狼蛛鹰蜇伤所造成的疼痛是所有昆虫之最。该指数听起来非常科学，但其主要基于一位杰出的美国昆虫学家贾斯汀·施密特（Justin Schmidt）的个人经验。为此，施密特故意让他被能找到的最危险的昆虫蜇伤。另一种蜇伤疼痛感较高的昆虫是中美洲和南美洲的子弹蚁（*Paraponera clavata*），之所以叫子弹蚁，是因为它们的蜇伤疼痛程度被认为与中弹相当。

金环胡蜂

亚洲的金环胡蜂（*Vespa mandarinia*）体长可达45毫米，翼展75毫米，最令人恐惧的是，金环胡蜂的毒刺长6毫米。

金环胡蜂遍布亚洲热带地区，但在日本农村地区最为常见，在日本每年造成30多人死亡。除非对毒液过敏，否则一个人需要被蜇50多下才会死亡。这种情况最有可能发生在受害者挖地时不小心触动了巢穴。在夏末，巢穴里可能有多达100只金环胡蜂。

尽管存在风险，养蜂人还是会故意摧毁一些巢穴，因为金环胡蜂会捕食一些大型昆虫，尤其是蜜蜂群。土生土长的日本蜜蜂（*Apis cerana japonica*）对金环胡蜂有着超强的防御能力。当金环胡蜂发现蜂巢时，它开始释放一些化学信息素，以此向附近的同类发出信号，告知这里有食物。在发出信号几分钟后，信息素水平才会高到足以让其他金环胡蜂发现这种化学物质，但蜜蜂马上就能发现。蜜蜂允许负责侦察的金环胡蜂进入蜂巢，然后数百只蜜蜂就会围攻入侵者。蜜蜂群环成一

^ 金环胡蜂日本亚种（*Vespa mandarinia japonica*）是世界最大的大黄蜂——亚洲金环胡蜂的一个亚种，其成蜂体长可达 45 毫米。

个球将金环胡蜂团团围住，阻止作为信号的信息素进一步在空气中扩散，然后蜜蜂群剧烈震动它们的飞行肌肉。这种同步动作使球内温度升高，可能超过45℃。与此同时，球内的氧气消耗殆尽，让金环胡蜂呼吸困难。高温和缺氧会杀死金环胡蜂，并阻止它召集“增援部队”。更有趣的是，蜜蜂们可能并不总是需要经过这样复杂的防御。看起来，如果蜜蜂向金环胡蜂发送信号并告知它已被发现，那么金环胡蜂就会改变主意，于是撤退去寻找警惕性不那么强的猎物。

其他几种大型昆虫

正如本章开头所述，昆虫种类繁多，令人眼花缭乱。遗憾的是，由于篇幅有限，本书无法收录所有大型昆虫，在此简要提及一些落选者中的佼佼者。

竹节虫目中有一些物种的体长在昆虫中名列前茅，有的个体超过60厘米长。但这些竹节虫往往不是最重的，它们的身体通常很窄。下图所示为澳大利亚东部的歌利亚巨型竹节虫（*Eurycnema goliath*）。

有几种巨型蟑螂，其中最重的可能是澳大利亚犀牛蟑螂（*Macropanesthia rhinoceros*），其体重可达35克。

大型水生昆虫中有水甲虫，它们在水面上捕食猎物，或潜入水中寻找食物。水甲虫中包括欧洲物种最宽真龙虱（*Dytiscus latissimus*），它们体长超过40毫米，能够捕捉小鱼。

体长同样达到40毫米的还有南美洲的工蚁类物种——巨人恐猛蚁（*Dinoponera gigantea*）。

︿ 澳大利亚东部的歌利亚巨型竹节虫。

早期的大型昆虫

虽然当今世界上有一些体形相当大的昆虫，但与 3 亿年前爬行和飞行的巨型昆虫相比，它们简直就是小巫见大巫。这些昆虫包括一些绝对的庞然大物，迄今为止发现的最大昆虫——巨脉蜻蜓，是蜻蜓般的食肉动物，翼展达 70 厘米，或者说与一只中等大小的鸭子差不多。我们面临的挑战是如何解释为什么这些昆虫界的巨人曾经存在而现在却不复存在，以及为什么它们比许多会飞的脊椎动物还要小很多。

巨脉蜻蜓（*Meganeura*）是蜻蜓目昆虫的一个属，它们生活在 3 亿年前的石炭纪，翼展可达 70 厘米。

从这块保存完好的化石中，我们可以看到巨脉蜻蜓与现存蜻蜓的相似之处。

^ 就像现在的蜻蜓一样，成年的巨脉蜻蜓也是贪婪的捕食者，它们很可能主要捕食其他昆虫，但也可能吃小型脊椎动物。

必不可少的氧气

上述问题的答案似乎部分与氧气有关，所有动物都需要氧气来维持身体机能。难的是从周围空气中获取氧气，再将氧气输送到细胞中。

与人类这种大型脊椎动物相比，昆虫采用的工程学方法要简单许多。就人类而言，我们在吸气时会主动将空气吸入体内。人类肺部的内部结构非常复杂，但其目的是让我们的血液与氧气紧密接触。这种接触在7亿个被称为肺泡的小囊中发生，肺泡壁厚度可能仅有0.1毫米。氧气通过肺泡壁渗入血液并很快被血红蛋白吸收，然后通过由越来越小的管道组成的复杂网络输送到我们的身体各处，直到最终将氧气输送到肌肉细胞等单个细胞附近。在我们最深层的肌肉与外界之间可能有10厘米厚的组织，但我们只需要两三秒钟就能把空气中的氧气输送到肌肉细胞中。这种速度的关键在于，氧分子被冲带着进入我们呼吸和循环系统的整体流动中，唯一需要氧气自己完成的部分是穿过我们的肺泡壁。

氧气扩散的弊端

氧气通过扩散穿过肺泡壁。只要温度高于绝对零度（-273℃），流体中的所有分子都在不断运动。实际上，温度可以被视作分子运动速度的指标。在我们周围的空气中，有数十亿个分子在高速运动，相互碰撞，然后又朝着另一个方向高速移动。现在想象一下，你停止呼吸的情况。因为在停止呼吸前，你已经消耗了体内的大量氧气，所以鼻腔外空气中的氧气含量更高，而肺部内空气中的氧气含量较低。在这种存在浓度梯度的情况下，扩散作用会使这种差异趋于平衡，因此氧气会从鼻腔外向肺部净移动。如果扩散作用将氧气输送到肺部，那么为什么我们还要对呼吸这件事大惊小怪呢？

问题在于，仅通过扩散作用，氧气需要很长的时间才能到达肺部。平均来说，空气中的氧分子可能以超过1600千米/时的速度移动。问题是，每个分子平均移动不到一微米（百万分之一米），就会与另一个分子发生碰撞，这次碰撞会将分子推向一个全新的方向。然后，几乎马上又发生另一次碰撞，如此循环往复。在这个过程中，氧分子每秒钟经历60亿次方向的变化。据统计，所有这些碰撞加起来导致了向氧分子较少区域（这里指的是肺部）的净移动。但这可能需要半小时左右的时间才能使浓度达到均衡，从而让肺部充满新鲜的空气。

当我们的身体在努力工作时，我们需要每秒更换一次肺部中的氧气。这就是为什么在氧分子从鼻子到细胞移动的过程中，只有一小部分是依赖于扩散作用。氧分子的这种微小移动本身并不会减慢整个过程，扩散时间以相当于距离平方的速率增加。这意味着，虽然远距离的扩散非常缓慢，但在微小距离内速度却非常快，比如在穿过细胞壁时。一个分子扩散30厘米的距离可能需要30分钟，但扩散1厘米的距离只需要2秒，而扩散到1毫米的距离则只需要0.05秒。

昆虫的呼吸系统

这又回到了昆虫身上，它们比人类更依赖扩散作用。昆虫有许多被称为气门的外部开口，这些开口位于主气管的较大管道的末端。每条主气管分成几条较小的气管，称为支气管。支气管又分成几条更小的气管，叫作毛细气管。这个网络直接与外界相连，空气进入气门，然后顺着越来越细的气管到达细胞附近。这里最关键的是，昆虫可以给主气管进行一定程度的脉冲，但将氧气从外界输送到细胞的大部分过程都是通过简单的扩散作用。

这种设计的优点在于它非常简洁。昆虫的氧气输送系统并不像人类的系统那么复杂，因此维护成本也远不及人类的系统那么高，并且不那么容易崩溃。

的确，远距离扩散很慢，但如果昆虫体形很小，那么这就不是问题，因为氧气只需要移动1~2毫米。然而，根据扩散的规律，扩散时间以距离平方的速度增加。一只体形2倍大的昆虫将需要4倍的时间向细胞输送氧气，而10倍大的昆虫则需要100倍的时间。为什么我们从未见过（也永远不会见到）与人类一样大的昆虫？这种对扩散作用的依赖可能是一个重要原因。

我们不应该认为昆虫的氧气输送方法比人类的差。事实上，在短距离内，昆虫的系统运行得非常好。实际上它运行得太好，以至于某些昆虫的飞行肌肉是已知动物组织中能量传输率最高的，因此也是氧气消耗最大的。昆虫的方法唯一的严重缺点是，随着体形的增大，它开始变得愈加困难。

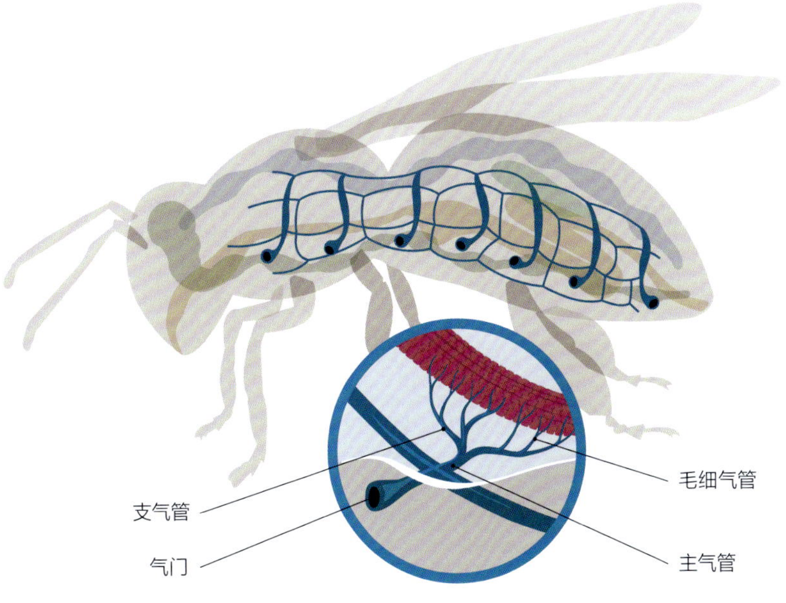

^ 昆虫呼吸系统简图

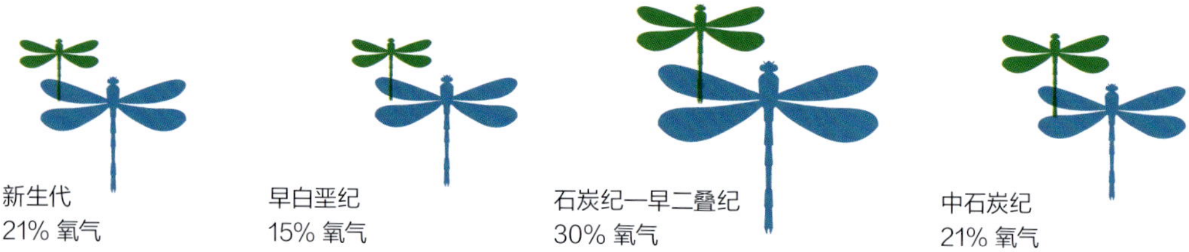

^ 在不同时期空气中氧气含量处于不同水平时，发现的昆虫的平均体形和最大体形。

包括人类在内，对于大多数拥有循环系统的动物来说，这种结构只占身体的一个不太大的、恒定的部分。然而，对于昆虫来说，体形越大就意味着必须将身体越来越多的部分用于氧气输送管道。这是因为昆虫通过提高单位时间内氧气的扩散通量，来应对氧气在其体内扩散所需时间随体形增大而延长的问题。

昆虫解决这个问题的一种方法是尽量将耗氧量大的组织集中在胸部，从而减少氧气的扩散距离。但大脑和腿部肌肉一定离得很远。对于大型昆虫来说，随着体形增大，它们身体的狭窄部位将布满越来越多的气管。在空气中氧气水平一定的情况下，这些狭窄部位很可能最终限制了昆虫的体形大小。到了某个临界点后，就不可能有更多的气管挤进这些狭窄的部位，以弥补氧气传输距离的增加。

氧气供应情况

令昆虫沮丧的是，它们通过呼吸系统输送的大部分空气对它们毫无用处。目前，我们周围空气中约有21%是氧气，其余大部分都是氮气。我们的血液只携带氧气，而将氮气留在肺里。相比之下，昆虫必须携带着氮气和氧气一起经过管道进行输送。然而，在过去的某些时期，空气中的氧气含量更高。如果空气中更多部分是有用的氧气，就需要更少的空气通过系统进行扩散，这对昆虫来说是个好消息。这意味着，对于一定体形的昆虫来说，它们需要的气管网络更小，对昆虫最大体形的限制也更加宽松。这就是为什么过去会出现巨型昆虫的关键所在。

2012年，加州大学圣克鲁兹分校的两位科学家马修·克拉珀姆（Matthew Clapham）和杰雷德·卡尔（Jered Karr）收集了自3.5亿年前昆虫崛起成为全球霸主以来昆虫最大体形的时间序列。在时间序列的前2亿年中，尽管氧气含量有相当大的波动，但是化石记录中发现的昆虫最大体形与空气中的氧气含量非常吻合。在此期间，空气中氧气含量最初从大约当前水平上升到35%，然后回落到当前水平。之后出现了一个不太引人注目的高峰，大约为25%，然后再次下降。

昆虫的体形大小与空气中氧气含量密切相关。有史以来最大的昆虫与主要的氧气高峰期相对应，这一高峰期从石炭纪晚期持续到二叠纪晚期，即距今3.2亿~2.4亿年的这段时期。这种密切的联系表明，氧气含量的提升是放宽体形限制并让昆虫达到巨大体形的关键：氧气含量越高，昆虫体形就越大。

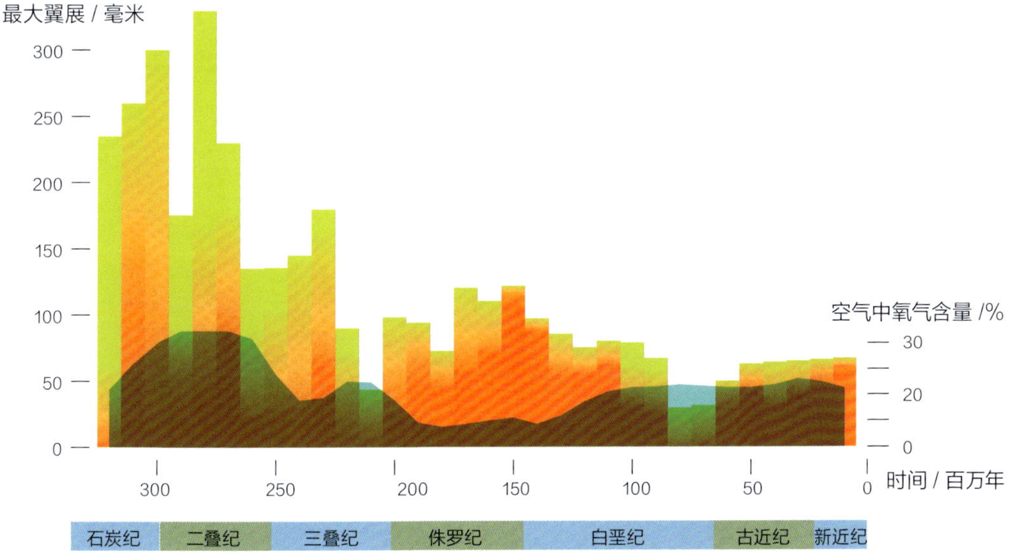

^ 随着时间的推移，已知昆虫的最大体形和空气中氧气含量都会发生变化。

限制昆虫体形的其他因素

氧气并不是昆虫唯一需要的东西。就像其他动物一样，它们还需要找到足够的食物，而且需要避免自己变成食物。在过去的1.5亿年中，在限制昆虫最大体形方面，这些因素变得比氧气水平更加重要。但其他条件是否会促成比现存或化石记录更大的昆虫呢？

^ 这只美丽的鸟是白胸翡翠（*Halcyon smyrnensis*），它正准备享用一只大昆虫。

鸟类的崛起

在过去的1.5亿年里，马修·克拉珀姆和杰雷德·卡尔收集的数据所显示的模式发生了变化。大约从白垩纪开始，空气中氧气含量从15%左右的低点持续上升了5000万年，稳定在当前数值附近，并在过去的1亿年中保持不变。但是，氧气含量的增加是时间序列中第一个与昆虫最大体形增加无关的例子。事实上，最大的昆虫体形在这一时期有所下降。原因可能是1.5亿年前鸟类的崛起，并且鸟类不断进行适应性调节，让飞行更加灵活。看来，鸟类很可能越来越有能力超越或捕食最大的昆虫。随着鸟类提升了它们的飞行技巧，昆虫面临的问题就变得越来越严重。如今，鸟类是飞行昆虫和非飞行昆虫的主要捕食者。

与最大的昆虫相比，鸟类有两个明显的优势。首先，空中可控性需要投入巨大的能量才能快速转变方向。作为恒温动物，鸟类的新陈代谢旺盛。因此，与昆虫等类似体形的低代谢（变温动物）动物相比，鸟类的最大能量输出要大得多。其次，鸟类的羽毛让它们的翅膀具有惊人的灵活性，而昆虫的翅膀则僵硬许多，灵活性较差。

6500万年前，恐龙灭绝了，其他各种动物群体都遭遇了这场大灾难。因此，克拉珀姆和卡尔的数据显示，在这场大灾难后，昆虫的最大体形有所下降也就不足

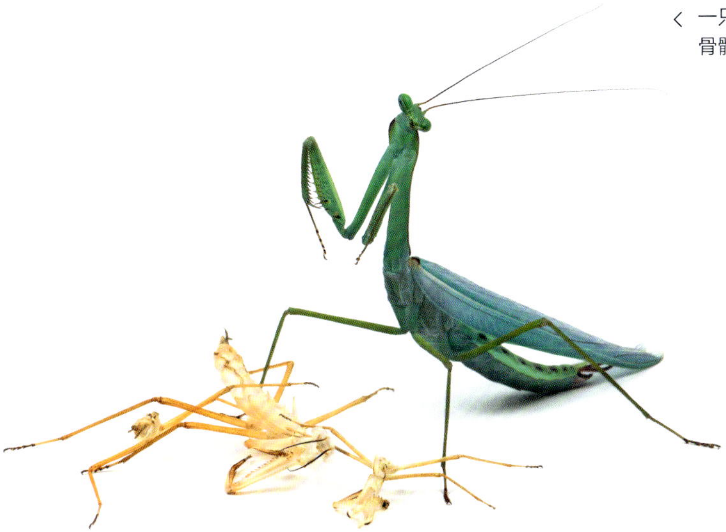

‹ 一只刚刚蜕皮的螳螂。昆虫从旧外骨骼出来后的残骸被称为“蜕”。

为奇了。在此之后，昆虫的最大体形出现反弹，但幅度不大。一些鸟类在大灭绝事件中幸存下来，最终成为我们今天看到的出色飞行者。对大型昆虫来说，更糟糕的是，哺乳动物在恐龙灭绝后填补了它们的生态位并繁衍生息，其中一些还变成了蝙蝠类会飞的物种。如今，大约四分之一的哺乳动物都是蝙蝠。像鸟类一样，蝙蝠也是恒温动物，这让它们在杂技式飞行中更具优势。蝙蝠还有灵活的翅膀，由几根手指支撑着。为便于比较，可以看看我们自己灵活的手指能做什么。因此，昆虫在地球上生活的4亿年中，大部分时间其体形都受到氧气供应的限制。但自从鸟类和蝙蝠崛起之后，昆虫的体形又因竞争和捕食进一步受到限制。

外星怪物?

对这个问题的最后一个想法是，想象一下我们发现了一个氧气含量非常高的星球，比如说氧气含量为80%，而且没有鸟类和蝙蝠来煞风景。在这种情况下，会进化出真正巨大的昆虫吗？暂且不说这样的大气环境可能对生存不太有利，会让大火不断肆虐整个星球。体形更大的昆虫也许是有可能出现的，但也许不是巨型昆虫。

还有两个主要的限制因素。首先，请记住，随着距离的增加，扩散的效率会迅速降低。即使空气中含有更多氧气，扩散时间仍然会随着距离的增加而显著增加。

当距离从1厘米增加到30倍的30厘米时，扩散时间就会从2秒增加到30分钟，也就是增加到900倍。其次，昆虫和蜘蛛、龙虾一样是节肢动物，因此其骨骼位于身体外部。这种外骨骼必须足够坚硬和结实，才能起到保护和支撑的作用。因此，随着节肢动物体形的增长，它们必须定期蜕去旧的外骨骼。在新的外骨骼形成并硬化时，它们必须保持静止。在此期间，它们很容易遭到捕食。

如果我们将节肢动物作为一个整体来看，就会发现体形较大物种的外骨骼较厚。这并不奇怪，因为外骨骼必须支撑住生物体以对抗重力。这种力会随着生物体体重的增加而增加，并且随着体形的增大，体重的增速快于表面积的增速（见第一章）。外骨骼必须紧密贴合，与生物体的表面积相匹配。因此，随着生物体体形的增大，外骨骼必须变厚以支撑生物体。

然而，较厚的外骨骼需要更长的时间才能硬化。因此，体形较大的节肢动物不得不忍受更长的时间内无法进食，并且容易受捕食者攻击。这就是为什么我们能在海里找到最大的节肢动物，比如龙虾和螃蟹。因为这些生活在海里的节肢动物的身体主要靠浮力支撑，所以它们的外骨骼无须像陆地上的动物那样厚。但在所有的昆虫中，只有少数种类终生生活在水中。因为在水中生活让它们无法飞行，而飞行能为它们带来许多好处。因此，如果我们被来自另一个星球的生命体入侵，那么我们可以放心的是，它们不会是巨大的昆虫。

‹ 蝴蝶破蛹而出后，需要一段时间让翅膀展开，然后才能飞走。

水生昆虫

正如前面中所讨论的，当今动物世界中真正的庞然大物存在于海洋中，它们的身体主要是靠浮力支撑的。但为什么昆虫与水生栖息地没有更紧密的联系呢？在此，我们将探讨为什么海洋中的昆虫如此之少？为什么与淡水栖息地相关的昆虫不会长得更大？

海洋缺失物种

现存昆虫种类超过100万种，但只有约1400种生活在海洋栖息地，而且绝大多数都远离水域，生活在水边。只有46种水黾科昆虫栖息于海面上，其中大部分生活在沿海栖息地和河口，只有5种完全生活在海洋中。因此，这里确实有个谜有待解开。

为什么在陆地上几乎随处可见昆虫，而在占地球表面70%的海洋中却不见它们的身影呢？没有人知道这个问题的确切答案。但我的推测是，在海洋中很难找到干燥的地方。让我来解释一下。

大约有4.5万种昆虫生活在淡水栖息地。一般来说，昆虫在幼虫阶段生活在水下，到了蜕变成有翅膀的成年阶段时，幼虫会利用半沉水植物或任何其他突出水面的东西来帮助它们突破水的表面张力。然后它们会完全爬出水面，让翅膀展开并变干，再作为成虫飞走。在寂静的夜晚，有些昆虫刚刚蜕下外骨骼，它们可以在漂浮于湖面或其他淡水栖息地的水面上的外骨骼上保持平衡，同时晾干

^ 成虫期的蜉蝣成群涌现，为捕食者提供了一场盛宴，也让蜉蝣很容易找到配偶。

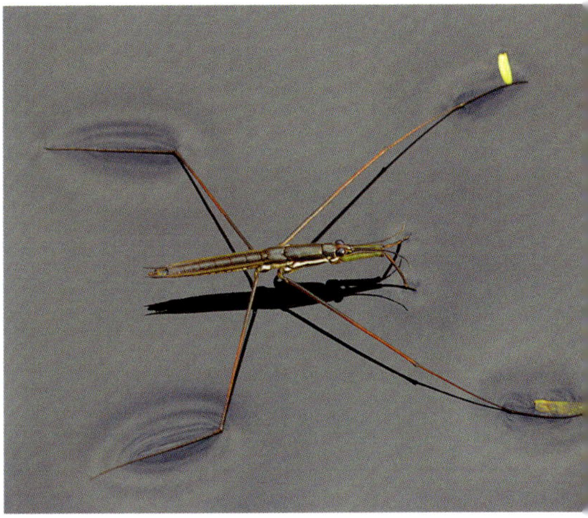

^ 水黾科昆虫拥有在水面上保持平衡的非凡能力。

翅膀，而不是在植物或其他干燥的表面上。然而，在海面上，昆虫很少有机会爬出水面，找到可以让新展开的翅膀变干的地方。

海洋水黾将它们的卵产在漂浮物上，也就是任何被冲到海里或从船上扔下来的漂浮的东西上。这种漂浮物需要足够大块且浮力够大，才能让浮出的部分足够高出水面，这样昆虫就能把翅膀晾干而不会被浪花溅湿。像一个大空桶或是大树这类漂浮物是很难找到的。

缺乏坚固、干燥的基质可能是海洋水黾放弃飞行的原因。还有其他41种水黾科昆虫也生活在咸水中，它们都与红树林、挺水植物或岩石等提供了坚固且干燥基质的栖息地有关，所有这些物种都在远离水的地方产卵。

因此，开发海洋栖息地似乎需要昆虫放弃飞行能力。飞行为昆虫带来了关键优势，它们能够逃离捕食者，并在大范围内有效地搜寻食物、配偶和其他资源。水黾科昆虫能够在海面上非常灵活的移动，这弥补了它们不能飞行的缺陷。但缺少其他海洋昆虫这一点，表明了无处晾干翅膀是海洋极度缺少吸引力的原因。

水生蚂蚁的缺失

蚂蚁对陆地生态系统有着巨大的影响。据估计，蚂蚁的体重约占地球上所有陆生动物体重的五分之一，比包括人类在内的所有脊椎动物的总重还要重。我们已经命名了约1.2万种蚂蚁，它们遍布世界各地。令人费解的是，为什么没有蚂蚁在水中觅食并生存呢？

我的观点是，这些生物成功存活的秘诀在于它们能够建造一个避开捕食者、持久、可扩展的巢穴，而在水下筑巢是非常困难的。在水下挖洞要棘手得多，基质松软，需要时刻注意以防隧道坍塌。更糟糕的是，浸满水的沉积物在更大范围内流动性更大。在洪水或暴风雨过后，巢穴被冲走或被埋在泥堆下的风险相当高。

在陆地上筑巢，然后在水下觅食似乎是不可行的选项。在这种情况下，蚂蚁的小体形会对它们不利。水的表面张力对较小生物体的影响更大，这就是为什么有些昆虫能在水上行走，而人类却不能。每次离开或返回水中，蚂蚁都要花费非常大的力气才能突破水面。而且我们已经看到，昆虫的体形无法长到很大。因此，虽然蚂蚁能够适应陆地上的各种环境，但水的物理特性却打败了它们。

^ 蚂蚁通常会尽量避免淋湿，尽管它们必须穿过水体。

^ 巨翅豆娘的翼展可达 19 厘米，是现存蜻蜓目豆娘亚目中最大的成员。直升机豆娘是它们的俗名，源于飞行时它们的翅膀酷似旋转的直升机叶片。

淡水昆虫

回到与河流和湖泊有关的4.5万种昆虫，它们的体形有什么限制呢？蜻蜓目由蜻蜓和豆娘组成，其中包含了幼虫时期半水生和完全水生的物种。

豆娘类最大的物种是巨翅豆娘，它们的翼展约为19厘米。而现存蜻蜓和豆娘的一些祖先（比如石炭纪和二叠纪的巨脉蜻蜓）的翼展为30~33厘米。这些动物的身体非常瘦小，翅膀又窄又薄，因此它们的体重并不特别令人印象深刻。但相比之前讨论过的最大的蝴蝶来说，蜻蜓类物种的翼展并没有小多少。

蜻蜓幼虫是食肉动物，几乎以靠近它们的任何东西为食，包括蝌蚪，甚至小鱼。幼虫从水中爬出，然后蜕变成有翼的成虫。蜻蜓一生中绝大部分的时间都在水生环境中度过，再加上它们的高蛋白食物，它们应该有机会长成真正的大体形。但有几个因素阻碍了最大的蜻蜓变得像最大的蝴蝶那么大。

首先，成年蜻蜓是肉食动物，它们在飞行中捕捉昆虫、蜘蛛等猎物。这就要求它们是格外敏捷及迅速的飞行者，而飞行的敏捷性随着体形增大而下降。如果蜻蜓长成了更大的体形，那么它们就不能迅速转变方向，以捕捉到快速移动的猎物。其次，蝴蝶从幼虫到成虫的蜕变要经过蛹期，而蜻蜓则略过了这一时期，只是从幼虫蜕变成成虫。蛹期要花费更多的时间，但可以让生物体完全重组为成虫，其身体构造与幼虫完全不同。就蜻蜓而言，无论是成虫还是幼虫，它们的身体结构设计都必须有更多的折中部分。这样蜻蜓才能从一个阶段过渡到另一个阶段，而不像蝴蝶那样完全重建。这也许意味着，成年蜻蜓的体形不适合长到比现在更大。虽然蜻蜓可能不是最大的昆虫，但绝妙的色彩让它们成为最美丽的昆虫之一。

^ 由艺术家休伯特·杜普拉特与石蚕蛾幼虫合作创作的珠宝作品。

建筑师与艺术家

我们见惯了陆生昆虫建造的复杂、有时巨大的结构，包括白蚁丘、蚁穴和黄蜂巢，却常常忽略了水下昆虫（尤其是石蚕蛾）的创造。全世界有1万多种石蚕蛾栖息于淡水中，它们大多是在幼虫阶段建造居所，由此扩大了自己的有效体形。有些石蚕蛾幼虫从身边找到材料，并用分泌的丝将这些材料黏合在一起，从而建造了既能居于其间也能随身携带的壳子。不同物种对于使用的材料有着不同的偏好，从沙粒到较大的岩石碎片，或是软体动物外壳、树皮、种子和树枝，再到树叶的一部分。石蚕蛾幼虫会将这些材料切割成一定的尺寸，然后像用砖块砌墙一样将所有材料组装起来。不过，总体来说，它们很灵活，会想办法利用周围发现的任何材料。随着石蚕蛾幼虫长大，它们会在壳子末端进行扩建。

有些石蚕蛾的外壳足够结实，可以提供物理保护以防各种潜在捕食者的攻击。而有些石蚕蛾的外壳则又大又笨拙，以此让捕食者望而却步。许多鱼类和青蛙都是张口受限的捕食者，这意味着它们会将猎物整个吞下，而所能吞下的食物最大尺寸受到嘴部张开程度的限制。石蚕蛾的壳非常适合对付这些捕食者，尤其是有大树枝伸出来的那种壳。

∨ 石蚕蛾幼虫在河床上编织的网，用来捕获被水流冲过来的食物颗粒。

法国艺术家休伯特·杜普拉特（Hubert Duprat）收集石蚕蛾幼虫并将其饲养在水箱中，他精心控制着可用于筑壳的材料。幼虫将金粒等物品编织进它们的外壳中，这样，休伯特和这些昆虫就像是在合作制作艺术品和珠宝。可以在不伤害石蚕蛾幼虫的情况下取下外壳，然后幼虫会立刻开始制作另一个外壳。

其他种类的石蚕蛾通过另一种方式扩大自己的有效体形，它们结成（与其体形相比）巨大的渔网。石蚕蛾将这些网挂在流动的水中，这样食物颗粒就会聚集在网上，就像蜘蛛网一样。这是一种巧妙的方法，能够扩大生物体的有效体形，使其能够覆盖更大面积的溪流来收集食物。

同样，就像蜘蛛网一样，即使没有人类艺术家的干预，石蚕蛾建造的这些结构也会非常漂亮。

第七章　巨大的无脊椎动物

在第六章中，我们只重点介绍了一类无脊椎动物——昆虫。这些生物值得占据一定的篇幅，因为无论在世界何处，昆虫可能都是我们非常熟悉的物种。然而，还有许多其他无脊椎动物群体，虽然我们无法一一介绍，但我们会涉及一些有趣的巨型物种。我们先从噩梦般的巨型蜘蛛开始。

巨型蜘蛛

许多人都患有蜘蛛恐惧症，或者说对蜘蛛极度恐惧。实际上，据瑞典（绝非危险蜘蛛的聚集地）的研究统计，约有 4% 的成年人患有这种疾病。因此，为了让所有蜘蛛恐惧症患者放心，我们可以直截了当地说，恐怖电影中看到的那种真正巨大的蜘蛛并不存在。

最大的蜘蛛

按体重计算，最大的蜘蛛是歌利亚巨人食鸟蛛（*Theraphosa blondi*），其中最大的一只体重为170克，比一只大仓鼠大不了太多。歌利亚巨人食鸟蛛的俗名也有点耸人听闻，起源于早期观察到的一只正在吃蜂鸟的蜘蛛。事实上，这并不像听起来那么惊人，鸟类很少成为蜘蛛的捕食对象。而蜂鸟是所有鸟类中体形最小的，因此在这种情况下，蜂鸟几乎肯定比蜘蛛小很多。歌利亚巨人食鸟蛛被命名为仓鼠大小的食虫动物更为确切，它们肯定谈不上是梦魇般的东西。因为这种蛛形纲动物生活在南美洲的高地雨林中，它们大部分时间都在很深的洞穴里，所以你也不太可能偶然发现一只。很少有这类蜘蛛吃脊椎动物的报道，它们唯一捕食的哺乳动物是小蝙蝠。不过，偶尔也会在蜘蛛网中发现非常小的鸟类。有些南美洲蜘蛛捕食小青蛙，甚至有报道称澳大利亚悉尼的一只蜘蛛从公园池塘中抓获了一条金鱼。

^ 歌利亚巨人食鸟蛛（*Theraphosa blondi*）
体重：170 克。
这种蜘蛛体形庞大，亚马孙雨林的当地人愿意寻找这种蜘蛛来食用。

另一种被认为是最大蛛形纲动物的是巨型猎人蛛（*Heteropoda maxima*），它们的足展长度达30厘米。与哥利亚巨人食鸟蛛相比，人们更不可能偶然遇到巨型猎人蛛——它们生活在老挝的洞穴中，并且非常罕见，直到2001年才被科学文献报道。

化石记录中最大的蜘蛛——蒙古侏罗蛛（*Mongolarachne jurassica*）的化石比现存的最大蜘蛛纪录保持者略大。无脊椎动物不能很好地石化，原因很简单，它们没有骨头。牙齿和骨骼是坚硬的结构，可以很好的石化，大多数已灭绝的动物仅是通过这些残骸才为我们所知。只有在特殊情况下才能保存较软的组织。因此，很可能曾有更大的蜘蛛物种，而我们并不知道。特别是考虑到蜘蛛已经存在了3亿年，并且它们可以在各种各样的栖息地中生存。

^ 巨型猎人蛛（*Heteropoda maxima*）
足展：30 厘米。
虽然巨型猎人蛛是穴居动物，但它们的视力很好，这表明它们会潜伏在洞穴入口附近等待猎物。

然而，与限制昆虫体形的因素相似，蜘蛛的体形可能没有那么大。相比昆虫来说，蜘蛛有着稍加复杂的呼吸器官，但两者相差不大。此外，蜘蛛是节肢动物，随着体形的增大，它们需要不断地蜕掉外骨骼。而重复生产外骨骼要付出成本，因此导致大体形在这类动物中不是一个很有吸引力的选择。

巨型织网者

体形较大的蜘蛛不结网。它们是伏击捕食者，也就是埋伏着等待猎物经过，然后猛扑过去。蜘蛛网的捕猎半径要比突袭大得多，也更有可能捕获更大的猎物。那么为什么较大的蜘蛛放弃了结网呢？答案可能在于随着蜘蛛体重的增加，抵消重力将成为挑战。为了承受大体形蜘蛛，蜘蛛网的丝线必须增粗。结网的丝线越粗，蜘蛛要付出的成本越高，并且粗的蜘蛛网更容易被猎物发现从而避开。最大的结网蜘蛛——金丝圆蛛（*Nephila komaci*）是马达加斯加和南非的一种非常罕见的物种，直到2000年才被发现。金丝圆蛛比我们目前讨论过的蜘蛛物种要小很多，它们的足展有12厘米，但令人惊讶的是，它们的网的直径可以达到1米。

虽然金丝圆蛛是最大的结网蜘蛛，但它们结的网并不是蜘蛛网中最大的。达尔文树皮蜘蛛（*Caerostris darwini*）重约0.5克，不到一个回形针的质量。达尔文

^ 达尔文树皮蜘蛛产出的一条横跨河流的丝线。

^ 达尔文树皮蜘蛛（*Caerostris darwini*）
蜘蛛网直径：2 米。
这个物种结出的网是已知最大的蜘蛛网。它们总是在河流上空或附近结网，从而捕获被水吸引或从水中飞出的飞行昆虫。

> 达尔文树皮蜘蛛本身并不像它们结的巨网那样惊人，但它们产出的丝是已知生物材料中最坚韧的，其强度是防弹背心中使用纤维的 10 倍。

树皮蜘蛛结网时首先产出一条长达25米的丝线，能够横跨一条河的长度。它们在这条丝线上织出一张直径近2米的网，而且每天都会更新。这对小蜘蛛来说成本异常昂贵，但投资可能收获丰厚的回报。只有在河流之上或离河流很近的地方才会发现这种蜘蛛网。包括蜻蜓和蜉蝣在内的许多昆虫，它们的生命周期都是幼虫生活在水下，长出翅膀的成虫集体出水交配并繁育下一代。成虫的大规模出现可能为达尔文树皮蜘蛛带来壮观捕获盛宴。目前还没有人观察到这种情况，但达尔文树皮蜘蛛在2009年才被发现，因此我们可能需要多一点耐心。

节肢动物的适应能力

昆虫和蜘蛛都是节肢动物，它们的特点是有着坚硬的外骨骼。最后，我们来看看所有节肢动物中体形最大的甲壳类动物（如螃蟹和龙虾）。然而，要想了解是什么促使和限制了这些动物的大体形，我们首先需要考虑一些通用原则。

陆生节肢动物和水生节肢动物

最大的陆生节肢动物约为4千克，而有记录的最大水生节肢动物重达20千克。因此，似乎是不同的效应限制了水中和陆地上节肢动物的体形。2015年，一个由英国与丹麦科学家组成的团队进行了一项大规模研究，确凿地证实了这一点。科学家们对来自世界各地的12种不同的节肢动物物种进行了研究，他们在不同温度的试验围场中饲养这些动物。科学家们发现，水生物种的体形通常会随着水温升高或纬度降低（远离两极，向赤道移动）而缩小。但在温度较高的环境中饲养的陆生物种却没有这种效果。这表明氧气是限制水生物种体形的因素，但不是限制陆生物种体形的因素。

‹ 椰子蟹（*Birgus latro*）重达 4 千克，是世界上最大的陆生节肢动物。它们的最大体形可能受到其外骨骼质量的限制。

动物体形越大，消耗的氧气就越多。此外，动物的新陈代谢越快，它需要的氧气就越多。节肢动物属于变温动物，其新陈代谢率通常跟随环境温度变化。因此，当温度较高时，它的新陈代谢也会加快，同时氧气需求也会增加。赤道附近的温度较高，因此这里的氧气需求量也随之上升。实际上，温度较高的水域中含有更多的溶解氧，但这种影响跟不上温度升高导致需氧量增加的速度。因此，水生节肢动物所能达到的体形大小似乎受氧气的限制。事实上，最大的节肢动物是在冷水域中发现的，那里的新陈代谢减慢，氧气需求量减少。

恒温性与变温性

哺乳动物和鸟类属于恒温动物，而几乎所有其他动物都属于变温动物。恒温动物的体温主要靠体内产生的热量来维持，而变温动物的体温则大部分来自外部热源，主要是太阳。我们人类吃很多东西，并在活跃的生活方式中消耗掉这些热量，但我们的新陈代谢过程会产生热量作为一种副产品，我们利用这些热量来维持体温。人类的体温相对恒定，并且通常高于我们所处的环境。相比之下，变温动物的体温很少高于其周围环境的温度。变温动物通过从周围世界中获取热量来温暖身体，这就是为什么我们经常看到蝴蝶张开翅膀沐浴在阳光下。大体上，鱼类的体温与其游弋区域的水温相同，而海豚的体温通常高于周围水域的温度，并且受周围水温影响较小。这意味着恒温动物可以在寒冷的环境中保持活跃，但代价是必须找到足够的食物来促进它的高水平的新陈代谢。

‹ 日本蜘蛛蟹（*Macrocheira kaempferi*）是所有节肢动物中足展最长的，可达 5 米。

体形的限制

你可能会想到，鱼也是变温动物，为什么它们能比水生节肢动物长得更大？答案很可能是，鱼类像所有脊椎动物一样有一个封闭式循环系统。相比于节肢动物的开放式循环系统来说，鱼类能更有效地将氧气输送到身体各处。在封闭式系统中，血液被容纳在一个复杂的管道网络中，并由心脏泵送至全身。这种系统能够快速有效地输送氧气，并对身体不同部位不断变化的需求做出反应。例如，我们在运动时会向肌肉输送更多的血液。相比之下，在开放式循环系统中，心脏只是将血液泵入身体的各个体腔，然后渗透到组织中，最终再次回到心脏。

开放式循环系统在小型动物身上运行良好，它们从不需要长距离输送血液。但动物体形越大，封闭式循环系统的额外控制就越有价值。所以，水生节肢动物的体形受到限制，是因为开放式循环系统没有能力输送足够氧气以促进新陈代谢。

^ 美洲螯龙虾（*Homarus americanus*）重达 20 千克，是现存最重的节肢动物。处理这种龙虾时应小心谨慎，因为当它们感觉受到威胁时，会毫不犹豫地使用可怕的螯钳发动进攻。

^ 据了解，巨型蜘蛛蟹（*Leptomithrax gaimardii*）在蜕皮时会成群聚集在澳大利亚的某些地方。在最易遭受捕食的时候，它们可能通过“人多势众”的方式获得安全。

重大问题

节肢动物在水中比在陆地上体形更大，螃蟹只是其中的一类。因此，在氧气输送成为问题之前，节肢动物在陆地上的生活显然受到了一些限制。这种限制可能与它们的外骨骼有关。与人类薄薄的皮肤相比，外骨骼提供了极佳的保护，防止节肢动物受伤以及受到寄生虫和捕食者的攻击。但这是要付出代价的。外骨骼就像一件坚硬的盔甲，随着生物体的生长，外骨骼最终会变得过于紧绷。于是动物不得不将其撑破，然后再长出更大的外骨骼。

每一次蜕皮都会以多种方式让生物体付出代价。蜕去外骨骼的过程是十分耗能的，有时还会出错。因此，节肢动物常见的死亡原因就是被困在蜕去一半的“盔甲”中。

生物体重新长出新的外骨骼并让其硬化的这段时间也很耗费能量，在这期间动物无法进行觅食等正常的活动，而且它们非常容易受到捕食者的攻击。

所有这些成本都会随着体形的增大而增加。一套更大的“盔甲”需要更多的资源来生产，需要更长的时间来生成和硬化，蜕皮时也会更加困难和费时。然而，所有这些成本可能在水中和陆地上同样适用，所以这些限制了陆生节肢动物体形的因素同样也会限制水生节肢动物的体形。

拥有一套“盔甲”的另一个缺点是穿着“盔甲”移动的能量成本。简单来说，外骨骼很重，动物需要相当大的腿部力量才能穿着“盔甲”站立和走动。正如我们在第一章看到的，生物体在水中受到的大部分重力都可以通过浮力抵消，不需要消耗能量。生物体可用于搬运重物的多余肌肉力量随着体形的增大而减小。因此，随着体形增大，节肢动物承重能力下降，这很可能最终限制了它们在陆地上的体形大小。陆地上最大的节肢动物是千足虫，它们有很多只腿来承重。

∨ 一只龙虾在蜕皮时从脱落的甲壳中钻出。随着甲壳变硬，它的外表很快就会变黑。

是千足虫还是蜈蚣？

计算腿的总数并不是区分千足虫和蜈蚣的可靠方法。首先，虽然千足虫在拉丁语中是“一千只脚”的意思，但没有一只千足虫有那么多条腿。有记录的最大的一只有750条腿，它们在蜕皮时可以改变腿的数量。虽然千足虫和蜈蚣都是由一排相似的体节组成长长的身体，但两者之间最可靠的区别是：千足虫的每个体节都有两组腿，而蜈蚣只有一组。如果要检查这一特征，那么你要比想象中更近地接近它们才能看到。请记住，蜈蚣通常跑得更快且捕食小型动物，而不是以植物为食。

^ 巨型千足虫体形惊人，是温顺的素食主义者，因此深受人们的喜爱。

^ 这种大型蜈蚣可能有着明亮的颜色，以警告潜在的鸟类捕食者，吃了它们会中毒。

特大甲壳类动物

我们前面讲述的是限制节肢动物体形的通用原则，接下来我们介绍一些巨型节肢动物的代表。为此，我们只需关注甲壳类动物（特别是螃蟹和龙虾），它们之中包括一些陆生和水生的庞然大物。

椰子蟹

^ 椰子蟹（*Birgus latro*）
体重：4 千克。
椰子是这个物种的主要食物，同时也是可以随身携带的、具有保护性的住所。

椰子蟹是现存最大的陆生节肢动物，其足展达1米，体重约4千克。椰子蟹分布于太平洋和印度洋地区，它们的分布与椰子树的分布密切相关。成年椰子蟹只能在陆地上生活，很容易在水中淹死。但雌性椰子蟹会在海里产卵，幼蟹的第一个月会在水中进食。据推测，椰子蟹是通过搭乘漂浮物来到新地方栖息的，这种方式能够逃离鱼类捕食者，也无须为了避免沉入海底而克服重力向上游动从而消耗能量。椰子很容易漂浮，而且据说可以漂浮很长距离，并保持完整。因此，椰子蟹和椰子树之间的密切联系可能在于它们经常一起散播。但这并不是椰子蟹使用椰子的唯一方式。

当椰子蟹还小的时候，它们不会在外骨骼上投入大量成本，而是选择寄居蟹的方式来保护自己，生活在废弃的蜗牛壳里。随着椰子蟹体形变大，要找到足够大的壳就变得越来越难。最终，最大的椰子蟹放弃了寄居的生活方式，并且形成了坚硬的外骨骼。而中等大小的椰子蟹通常用椰子壳碎片作为替代品。如果你看到一个椰子神秘地在太平洋海滩上移动，那么里面很可能是有椰子蟹！

成年椰子蟹是杂食动物，但椰子是它们的主要食物。根据椰子的大小和成熟度，它们可以用强有力的爪子在椰子壳上挖出一个洞，然后取出里面的果肉。这样，当较小的椰子蟹吃完椰子肉时，就可以用椰子壳作为理想的临时住所。然而，有些椰子过于坚硬，椰子蟹无法用爪子撬开，它们会在爬树时携带着椰子，然后从高处扔下椰子，希望地上的岩石能将椰子撞裂。然后，椰子蟹就可以爬下树来享用椰子肉。不过，椰子蟹往往会省去爬下树的时间和精力，而是直接让自己掉下去。椰子被摔得四分五裂，椰子蟹却完好无损，这足以证明外骨骼提供了绝佳的保护。总之，椰子蟹是非常特别的，很少有物种的名字比椰子蟹更名副其实。

日本蜘蛛蟹

日本蜘蛛蟹又名巨螯蟹，它们有着蜘蛛般超长的腿，其足展可超过5米，是最大（可能不是最重）的螃蟹。然而，日本蜘蛛蟹已经遭受了密集的捕捞，这种密集的捕捞使得日本蜘蛛蟹难以长到很大的体形。因此，大多数捕获的日本蜘蛛蟹的足展只有1米左右。

^ 日本蜘蛛蟹（*Macrocheira kaempferi*）
足展：5米。
日本蜘蛛蟹虽然体形庞大，但它们能很好地伪装自己，在珊瑚礁的遮挡下很难被发现。这种甲壳类动物有时会将海绵片固定在身体外侧，以加强伪装保护。

你不会认为这样一个身披重甲的巨物会害怕人类以外的任何捕食者，但事实显然并非如此。否则为什么这些螃蟹会如此擅长伪装呢？日本蜘蛛蟹凹凸不平的甲壳与它们身处的岩石海底环境十分相似，除此之外，它们还主动将珊瑚和海绵碎片粘在背上以加强伪装。日本蜘蛛蟹的这种伪装行为不太可能是为了偷袭猎物，它们主要食用植物或贝壳类不会逃跑的动物。相反，它们的目的是躲避捕食者，其中最有可能的是章鱼。章鱼一般都很强壮，有的也可以非常巨大。

美洲螯龙虾

最后一种巨型甲壳动物是美洲螯龙虾，这也是我们最熟悉的一种。美洲螯龙虾在北美洲整个东北海岸觅食，所以，当你在美国或加拿大的高级餐厅吃龙虾时，端上桌的就是这个品种的龙虾。虽然美洲螯龙虾在体形上无法企及日本蜘蛛蟹，但美洲螯龙虾是最重的甲壳动物，最重可达20千克。如果你在欧洲的高级餐厅用餐，那么你很可能会品尝到美洲螯龙虾的近亲——欧洲龙虾（*Homarus gammarus*）。

事实上，美洲螯龙虾与欧洲龙虾非常相似。如果把两类物种放在一个水箱里，那么它们可以进行杂交。既然美洲螯龙虾如此熟悉，我们就不多介绍了。只需介绍穿“盔甲”带来的另一个问题，只有当雌性龙虾蜕去坚硬的外骨骼时，它们才能交配。

‹ 美洲螯龙虾
体重：20 千克。
烹饪能让美洲螯龙虾的甲壳变成更均匀的鲜红色。

远古节肢动物

对史前巨型节肢动物的研究让我们可以借此机会强调：我们对已灭绝动物的了解有时可能是基于很少的实物证据，以及很多的逻辑推理和有根据的猜测。我们在介绍巨型千足虫之前，先来研究一种有钳子的水生掠食者。虽然这些已灭绝巨人的体形完全不像日本蜘蛛蟹，日本蜘蛛蟹的大体形主要归因于它们又细又长的腿，其身体总长度为 5 米，而身体可能只占 40 厘米。相比而言，我们在此看到的已灭绝巨型节肢动物的体形要大很多，因此也重得多。

有钳子的水生掠食者

耶克尔鲎属（*Jaekelopterus*）的水生掠食性节肢动物被认为生活在约4亿年前。据估计，耶克尔鲎属的成员是迄今所知最大的节肢动物。其体长约为2.5米，这是在巨钳局部长34厘米的基础上估算的。如果我们假设这种动物的钳子形状与较小的近亲相似，那么我们可以估算出钳子的全长为46厘米。如果我们进一步假设：该动物的钳子长与体长之比类似于同一属下体形较小的近亲物种，我们有更多这个近亲物种的化石材料，那么我们可以估算出其体长为2.5米。

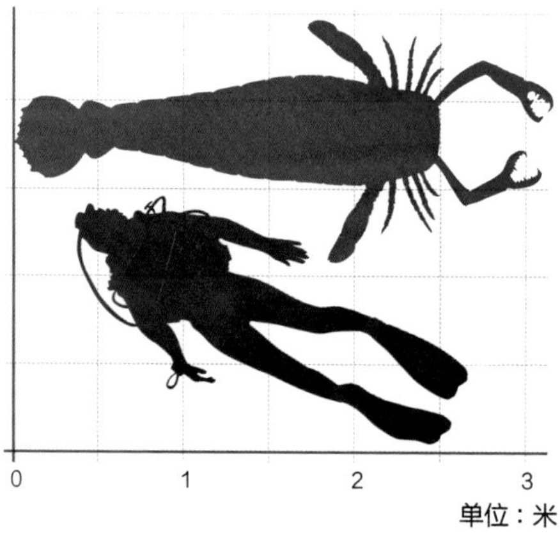

^ 海蝎（耶克尔鲎属）是已知最大的节肢动物，体长 2.5 米，比成年人大得多，也重得多。

^ 海蝎巨钳的主要功能可能是捕捉快速移动的猎物。这种海洋节肢动物也可能足够强壮，能够压碎一些带壳的猎物，并且能够抵御许多掠食者。

以上假设并不是特别异想天开。当我们研究一系列近亲物种时，我们确实有很好的化石证据，那么我们就会发现它们的体形和钳子形状相当一致。尽管如此，这些都是假设。我们面临的问题是，虽然这种巨兽的钳子非常粗壮，而且石化的很好，但这些动物似乎有着很轻的外骨骼。这些外骨骼在死后很容易被破坏，因此不太可能发现它们的化石。考虑到这种动物可能都会游泳（就像它们体形较小的现存近亲一样），它们的体重越轻，游泳时消耗的能量就越少。而且，由于节肢动物体形庞大，长着可怕的钳子，它们可能可以击退大多数的捕食者，从而很好地保护自己。因此，它们没有必要穿着坚硬、沉重的“盔甲”。然而，这种节肢动物死后，许多类型的动物可以破坏掉它们轻薄的外骨骼，啃食它们的尸体。这些动物会将节肢动物的尸体撕成碎片，只留下难以消化的钳子。然后，沉重的钳子沉入沉积物中，随着时间的推移变成化石。尽管估算的长度略微偏高，但它们仍可能是史上最大的节肢动物。它们比最接近的对手（古千足虫属）长了50厘米。

多足怪兽

千足虫已经存在了4.3亿年，有1.2万个已命名的现存物种，其中大多数都是行动缓慢的动物，它们以植物尸体为食。千足虫不咬人，但作为一种主要的防御方式，它们会沿着身体分泌有毒的化学物质，从而造成刺痛感。

现存最大的千足虫是非洲巨型千足虫（*Archispirostreptus gigas*），它们广泛分布于东非的低洼地区。非洲巨型千足虫可以长到39厘米长，6.7厘米宽，大约有256条腿。千足虫是非常受欢迎的宠物，特别是它们愿意吃几乎任何状态的水果和蔬菜。因此，养千足虫是回收大量厨房垃圾的一种新式方法。然而，与巨型千足虫属相比，这些节肢动物确实就相形见绌了。巨型千足虫属生活在大约3亿年前的北美洲西北部和苏格兰（当时这些陆地是连在一起的）。

由于当时空气中的氧气含量很高，而且相对缺乏足以攻击它们的大型脊椎动物，最大的巨型千足虫属长到了2.3米长，50厘米宽。但它们并没有存活下去，石炭纪茂密的森林在干燥得多的二叠纪退化了，巨型千足虫的食物供应也随之干涸。如果你有机会去苏格兰西海岸美丽的阿伦岛游览，那么一定要去拉根港看看巨型千足虫留下的一组保存完好的脚印。

^ 非洲巨型千足虫有多达 256 条腿，但不同个体腿的数量不同，甚至一条非洲巨型千足虫在一生中腿的数量也不尽相同。

^ 来自石炭纪晚期的已灭绝巨型千足虫的足迹，现在在苏格兰西海岸外的阿伦岛上的一块岩石上。

胶状巨物——水母

成为巨人的代价之一是必须吃得更多，才能满足身体新陈代谢日益增长的需求。解决这个问题的一个办法是携带大量维护成本不高的物质（例如水）来增大体形。水母体内 95%~98% 都是水，有些水母体形巨大。这种巨大的体形给了水母优势，它们能够游过大量水域来搜寻猎物，而无须付出高昂的新陈代谢成本。

水母概述

水母根本不是鱼，鱼有脊椎，而水母是无脊椎动物，没有脊椎。水母是刺胞动物门水母亚门的成员，我们在此不过多关注细致的分类学。如果你看到它们被冲上海滩，那么你就会认出它们。成年后，水母是一种软体的、可自由游泳的水生动物。水母的特征是一个胶状呈伞形的伞状体，通常还有大量须状触手。它们通过收缩伞状体来移动，并用触手进行防御和捕捉猎物。你的父母可能教过你，在海滩上看到水母时不要触碰，它们即使死了也会蜇人。

^ 水母有各种各样的大小、形状和颜色。

水母生态学

我们似乎正在经历一个全球水母数量增长的时期。这会在许多方面对人类造成不利影响。如果海岸上的水母数量过多，那么会让水上娱乐活动变得痛苦甚至危险，从而影响到旅游业。过多水母还会堵塞渔网、发电站出水口以及船舶推进系统。另外，水母还会杀死养殖鱼类。

关于水母数量增加的原因，我们不得而知。一种观点认为，过度捕捞是一个重要原因，人类喜欢吃的鱼类经常与水母争夺同一种食物。这个故事的一个转折点是，如果我们停止捕捞特定的鱼类，让它们的数量恢复，那么我们之前所促进的水母数量的增长可能会阻碍鱼类数量的恢复，水母会吃掉初生阶段的幼鱼。

一般来说，与鱼类相比，水母能在营养更匮乏的水域旺盛生长。这就引出了导致水母数量不断增加的另外两个可能性：气候变化与氮肥使用量的增加。随着全球气温升高，海面温度也在上升。这往往会阻止海洋各层水域的混合。因此，当海水上层的大量生物耗尽了可用的养分时，将无法通过深层海水的养分进行补充。同样，当农民向土地中施加大量氮肥时，其中一些氮肥会被冲入河流并流向河口，引发河口区域的浮游生物大量繁殖，从而很快耗尽所有可用的养分。这些并不是水母数量增加的唯一可能原因，不同因素的相对重要性也各不相同。但是，无论你身处世界何地，如果你沿着海滩散步，就会发现搁浅的水母比以前更多了，其中甚至可能出现一些巨型水母。

∨ 水母的新陈代谢很慢，因此它们能够以非常高的密度依靠微薄的食物供应生存。

一种罕见的巨物

如果你看到冥河水母（*Stygiomedusa gigantea*），那么你是非常幸运的。这种水母的伞状体宽超过1米，触手长10米。在20世纪，冥河水母只被记录了大约100次，因此你不太可能遇到它们。难以理解这种巨型生物是如何进食的，其触手数量少得出奇（只有四只），而且没有刺。我的猜测是，它们用四只触手抓住异常巨大的猎物，用抓握的力量束缚住动物，然后将猎物举向伞状体中的消化器官。不过，这仍然只是我个人的一个大胆猜测。我们只能等待一只主动捕猎的冥河水母闯入某人的水下摄影机镜头中。

∧ 当你想到水母的身体中大部分都是水时，就能够理解它们新陈代谢慢的原因。这有时也让水母很难被发现。

＜ 冥河水母（*Stygiomedusa gigantea*）
体长：10 米。
这只神奇的巨型水母是在美国加利福尼亚湾被蒙特雷湾水族馆研究所拍摄到的。

〈 野村水母（*Nemopilema nomurai*）
体重：200 千克。
巨大的体形让这一物种行动非常缓慢，潜水员可以轻易跟上它们。

日益常见的巨人

野村水母（*Nemopilema nomurai*）的伞状体宽达2米，重达200千克。它们分布在中国和日本之间的水域，在那里，巨型水母变得越来越常见。当一大群水母出现时，捕鱼变得不可能，因为渔网中满是水母。有人担心，随着水母的体形变大，它们将会捕食更大的鱼，从而与渔民直接竞争资源。水母的生命周期很短，很少有存活超过6个月的。然而，野村水母可能是生长最快的动物，它们从孵化出来比米粒还小的状态，仅用6个月就能达到我的体重的3倍。

〈 野村水母会定期成群出现，堵塞当地渔民的渔网。

水母之最

狮鬃水母（*Cyanea capillata*）的身体结构与野村水母截然不同。狮鬃水母长着一团数不清的、细刺般的触手，让人想起雄狮的鬃毛，因此而得名。狮鬃水母分布于北极和北大西洋附近的寒冷水域，或许也分布在澳大利亚和新西兰附近水域（尽管距离上的巨大间隔可能表明南部种群实际上是一个独立的物种）。已发现的最大的狮鬃水母的伞状体宽2.3米，有些触手长达37米。对比一下这个数字，一头大型蓝鲸可能有25米长，而一架中型飞机大约有35米长。因此，狮鬃水母可能是现存体形最长的动物（不过有一种蠕虫可能会超越它们，后面会讲到）。

狮鬃水母体形巨大，为小型鱼及其他海洋生物提供了一个独特的栖息地。只要它们对蜇伤免疫或者能足够灵活地躲避蜇伤，那么狮鬃水母就是一个有吸引力的能够躲避大型鱼类捕食者的地方。有些鱼类甚至可以从水母掉落的食物碎屑中获取所需的全部食物。无论如何，通常有几十种不同类型的动物躲在狮鬃水母的触手下。

水母化石

水母已经在地球上存在了至少5亿年，因此过去很可能存在更大的物种。然而，如果听说我们没有大量的水母化石记录，那么你应该不会感到惊讶。要让这种脆弱的软体动物很好地石化，必须具备极不寻常的条件。到目前为止，科学家尚未发现比现存物种更大的水母的证据。我猜我们也不会发现任何比狮鬃水母还要大得多的物种。一般来说，水母是一种节能但行动迟缓的游泳者。这就是为什么它们会被不断变化的洋流和潮汐卷走，最终搁浅在海滩上。想想看，与鱼类相比，水母被冲上岸的频率有多高。水母体形越大，它们收缩伞状体的速度就越慢，因此行动也就越迟

^ 狮鬃水母可以在寒冷水域生长。这只狮鬃水母拍摄于苏格兰附近水域。

缓。狮鬃水母游得很慢，可控性不强。如果它们体形变得更大，那么其行动就会太过缓慢和笨拙，以致无法找到和追踪好的觅食区域，也无法躲避捕食者。即使是巨大的狮鬃水母在完全长成后也有捕食者。如果狮鬃水母靠近海面，那么海鸟就会攻击它们。它们似乎也是巨型海洋太阳鱼和最大的棱皮龟喜欢的食物。

^ 狮鬃水母可能是现存最长的动物，有些狮鬃水母的触须长达 37 米。

会飞的水母？

我们没有见到过非水生动物像水母那样，通过填充新陈代谢成本低的水来增大体形。我们不会期望进化出一种充满水的陆生生物，那就会太重了。但充满气体的生物呢？陆生动物不太可能有一个像气球一样的身体，其薄膜太容易被尖利的石头、荆棘等刺破。但我们能把它想象成一种活着的飞艇吗？现在没有，曾经也从来没有过这样的东西。这可能也是飞艇被飞机取代的一部分原因。

飞艇节省燃料，但速度缓慢，而且很容易被风吹离航道。因此，飞艇型生物会很难找到并追踪所需的食物。食物也是一个问题，天上的食物密度完全比不上海洋表层水域或陆地上的食物密度。鸟类在空中捕食昆虫维生，但它们必须足够灵活，才能找到短时间聚集的猎物。而这一点不是缓慢的飞艇型生物所能做到的。

巨型鱿鱼

毫不奇怪,现存最大的无脊椎动物是水生的大王酸浆鱿(*Mesonychoteuthis hamiltoni*)。据测量，最大的大王酸浆鱿体重近 500 千克。但我们有充分的理由认为，在北冰洋的水域中还存在更大的鱿鱼。这些生物似乎是抹香鲸饮食的重要组成部分。但有证据表明，大王酸浆鱿能够与最大的捕食性鲸进行激烈的搏斗。

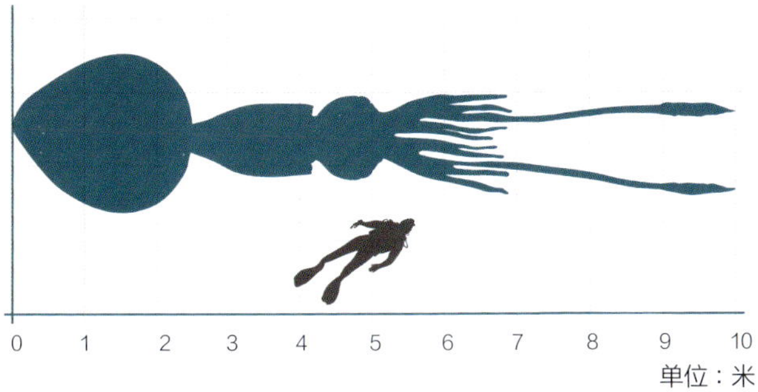

‹ 大王酸浆鱿(*Mesonychoteuthis hamiltoni*)
体重：495 千克。
虽然该物种是现存最大的无脊椎动物，但它们的体重比一头牛要轻。这表明动物需要骨骼才能达到巨大的体形。

最大尺寸

1925年，人们根据抹香鲸胃里的两条触手首次描述了这种巨型鱿鱼，这是一种从未见过的物种。直到1981年，一艘拖网渔船才捕获到一只完整的大王酸浆鱿。迄今为止，我们仅发现了大约十几只完整的大王酸浆鱿。到目前为止，渔民捕获的最大的大王酸浆鱿重达495千克，现陈列在新西兰惠灵顿的蒂帕帕国家博物馆中。然而，我们有理由相信，还有更大的鱿鱼等待着我们去发现。

› 鱿鱼坚硬的喙用来切割食物，与身体相比，鱿鱼的喙很小。这只喙来自一只大王酸浆鱿。

^ 这是迄今为止发现的最大的大王酸浆鱿。现保存在新西兰蒂帕帕国家博物馆中。

鱿鱼最不容易消化的部分是它们的喙，这种坚硬的嘴部结构很像鸟喙，鱿鱼用喙切开猎物。通过观察捕食者胃中完整的喙，我们得知哪些海洋捕食者会吃不同种类的鱿鱼。我们在抹香鲸胃里发现了长达49毫米的大王酸浆鱿的喙。但完整捕获的大王酸浆鱿中没有一只有这么大的喙，其中最长的喙为42.5毫米，来自体形最大的重达495千克的大王酸浆鱿。因此，很可能有比我们已经发现的巨型鱿鱼还大的鱿鱼。但喙长49毫米的鱿鱼究竟有多大的体形，这是很难猜测的。体形总大小与喙的大小之间的关系并不简单。

这就有点像我们找到了一个人的下颌骨，虽然在一定程度上能够估算出这个人的体形，如他是成年人还是儿童，但是无法估算出他确切的身高或体重。在过去几年里，我的体重下降了近20%，但我的下颌骨大小却没有任何变化。

然而，我们可以肯定，大王酸浆鱿的确是最大的无脊椎动物。第二大的无脊椎动物也是鱿鱼——大王鱿（*Architeuthis dux*）。我们已经捕获了近千只大王鱿。因此，科学家们很有信心，我们不会找到比现有纪录保持者295千克大得多的大王鱿。尽管这只最重的大王鱿比目前发现的大王酸浆鱿要小很多。

猎人与猎物

哪些物种捕食大王酸浆鱿？大王酸浆鱿又捕食哪些物种？第一个问题很容易回答，主要归功于这些动物的喙。在各种鲸、南象海豹（*Mirounga leonina*）、一些大型鱼类，甚至信天翁的胃里都曾发现过未成年大王酸浆鱿的喙。但那些真正巨大的大王酸浆鱿的喙仅在睡鲨和抹香鲸胃里发现过。睡鲨的体长可达4.5米，体重超过800千克。但即便如此，一只健康的、完全长成的大王酸浆鱿并不是能够轻易被捕捉的猎物。在睡鲨身上发现大型喙的记录，可能是因为睡鲨只是偶尔捕食生病或受伤的大王酸浆鱿。然而，在抹香鲸的胃中经常会发现大王酸浆鱿的喙，看来大王酸浆鱿是抹香鲸食物的重要组成部分。有一种观点认为，抹香鲸可以用刺耳的声响震晕猎物，但这种方法绝对不会用于捕获巨型鱿鱼。抹香鲸头部周围的皮肤上经常有疤痕，这些疤痕往往是鱿鱼触手上的吸盘留下的完美印记。由此可以辨认出留下这些印记的鱿鱼种类。大王酸浆鱿是这些战斗疤痕的主要罪魁祸首。

我们知道抹香鲸会挑起这些争斗。大王酸浆鱿可能主要捕食它们的同类（同类相食在不同的鱿鱼种类中很常见），也会在寒冷的南大洋捕食相对常见的两种齿鱼类。有人认为，大王酸浆鱿通常是懒惰的伏击捕食者，它们花费很少的精力在觅食上。再加上它们在南大洋寒冷水域的新陈代谢率很低，因此即使是体重500千克的巨型鱿鱼，每天的食物需求量也可能只是30千克的鱼类。这相当于我每三周只吃一罐金枪鱼罐头！

章鱼

自古以来就有章鱼把人类拽下船甚至把整条船拖下水的传说。但遗憾的是，这些故事并没有任何真凭实据。在已知的 300 种章鱼中，只有太平洋和印度洋的四种蓝环章鱼可能致人死亡。但这些章鱼体形并不巨大，它们分泌的毒液是致命的。

海怪

最大的章鱼是北太平洋巨型章鱼。渔民每年捕获大约300万吨北太平洋巨型章鱼供人类食用，因此，你会认为我们应该确切地知道它们有多大。渔民们会说，15千克重的成年章鱼就已经很大了。但也有记载显示，肯定有许多北太平洋巨型章鱼的体重超过了50千克。我们有确凿证据可以证明最大的一只重达71千克。但如果你浏览一下非科学文献，那么你会发现其中提到的体重数值有135千克、180千克和270千克。我并不是说这些数值是不可能的，只是没有保存下来的标本能支持这些数据。甚至没有可靠的书面证据，从中能够证明一个中立的观察者用适当的秤真正称了这些章鱼。

‹ 北太平洋巨型章鱼（*Enteroctopus dofleini*）重达 71 千克，是有记录的最重的章鱼。

^ 人类捕猎的压力让大多数北太平洋巨型章鱼没有机会长到比这一只大很多（虽然这一只的体形也很惊人）。

在体形方面，唯一能与北太平洋巨型章鱼接近的物种是七臂章鱼（*Haliphron atlanticus*）。有些渔民确实在他们的渔网中发现了一只不完整的七臂章鱼，它的体重达61千克。我们对这一物种的形态有足够的了解，可以很好地推测出七臂章鱼活着时的整体质量，估计为75千克。因此，你可以为两类章鱼中哪类更大而争论不休，或者你可以接受两类物种中最大的章鱼和一个成年男子差不多重的事实。

北太平洋巨型章鱼在公共水族馆中很受欢迎，这是因为它们惊人的体形和活泼好动的天性。在我年轻的时候，我经常去一家水族馆参观，那里提供了一套儿童积木玩具供章鱼玩耍。

章鱼经常从水箱中逃出，这是有很多原因的。第一，许多章鱼能够脱离水生存几分钟的时间。第二，章鱼非常强壮，以北太平洋巨型章鱼为例来说，它们用八只触手中的一只上面的巨大吸盘就能举起16千克的重物。第三，章鱼非常灵活，它们唯一不可压缩的身体部位是喙。因此，它们的整个身体能从喙一样大小的洞中穿过去。一只50千克重的章鱼，它的喙可能只有5~6厘米宽。最后，人们认为章鱼非常聪明。科学家在进行任何动物实验时都必须非常小心，以尽量减少动物的痛苦。但一般来说，由于脊椎动物通常有更复杂的神经系统，因此法律要求实验者对脊椎动物要格外小心。在英国和加拿大，章鱼是唯一被列为需要与脊椎动物一样特殊对待的无脊椎动物物种。

^ 这只不幸的七臂章鱼正受到红海龟（*Caretta caretta*）的攻击。根据七臂章鱼的部分遗骸估算，它的体重可达 75 千克。

< 虽然四种蓝环章鱼体形并不巨大，但它们却是毒性最强的海洋动物。

其他巨型软体动物

在本节中，我想介绍并揭穿一些关于另一种大型水生无脊椎动物——大砗磲（*Tridacna gigas*）的神话。砗磲是鱿鱼和章鱼的远亲，与软体动物门中拥有（或在进化过程中曾经拥有）保护壳的无脊椎动物归为一类。在此，我们还将看到软体动物谱系中一些已灭绝的成员，以突出史前巨型无脊椎动物的总体趋势。

大砗磲

大砗磲生长在印度洋和南太平洋的浅水珊瑚礁上，它们的体长超过1米，目前发现的最大砗磲体重达250~300千克。虽然关于大砗磲诱捕人类的故事比比皆是，但我们将在此探讨为什么这些故事令人难以置信？为什么软体动物对人类的恐惧远大于人类对它们的恐惧？为什么一只大砗磲就能生产出价值超过一亿美元的东西？

直到1817年，已知最大的大砗磲标本才在印度尼西亚苏门答腊海岸发现。据估计，这只大砗磲的体重达250千克。后来又发现了另外几个可能更大一些的大砗磲标本，不过还没有对这些标本进行明确的研究。如果我让你来猜，到哪里能看到1817年在苏门答腊发现的保存完好的大砗磲标本，那么你可能要试很多次才能猜到北爱尔兰贝尔法斯特的阿尔斯特博物馆。这些标本似乎是

^ 人类大规模的开发正在危及大砗磲。即使大砗磲没有灭绝，但我们可能永远无法看到存活足够长久的大砗磲。大砗磲也就无法达到有记录的最大体形，即体重达 300 千克。

^ 从这幅图中可以清楚地看到大砗磲外壳上醒目的锯齿形图案。

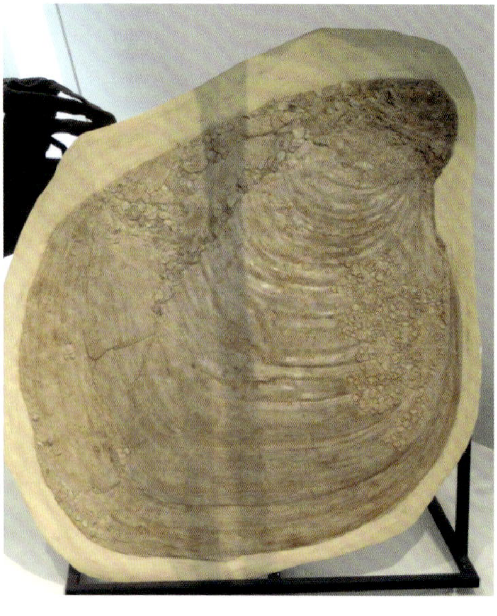

^ 白垩纪时期的一种巨型双壳软体动物（*Platyceramus platinus*）是迄今为止发现的最大的双壳软体动物。

英国昆虫学家弗朗西斯·沃克（Francis Walker）在19世纪捐赠给贝尔法斯特自然历史学会的。虽然沃克在伦敦自然历史博物馆工作了三十年，接触了许多出售不寻常自然历史标本的商业收藏家，但他并不清楚他是如何获得大砗磲的标本的。沃克似乎与贝尔法斯特自然历史学会也没有特别密切的联系。但与博物学家查尔斯·达尔文（Charles Darwin）一样，沃克也是一名活跃的通信会员，而且他在临终前将自己的收藏分别捐给了几家博物馆和学术团体。

砗磲的外壳可以很好地石化，科学家从发现的这些砗磲化石中得知，在史前还有更大的物种。生活在白垩纪时期的一种巨型双壳软体动物（*Platyceramus platinus*）与今天的大砗磲很相似，但它们的外壳是大砗磲的3倍长，质量可能是大砗磲的6~10倍。

来自人类的威胁

大砗磲的数量正在迅速减少，以至于该物种在之前的很多栖息地已经灭绝。问题在于人类的过度捕捞。砗磲肉在某些地方被奉为美味佳肴；砗磲的外壳可以变成精美的装饰品；而砗磲用来闭合两半外壳的内收肌被一些人认为是有壮阳的功效。富有的买家愿意为砗磲买单，许多当地人的收入很低，两者之间的差距为物种保护工作带来了巨大的挑战。这与非洲草原象所面临的挑战并无不同。

曾有这样的说法：一只大砗磲猛地合上两半外壳，紧紧夹住潜水员的腿或手臂，潜水员会因无法摆脱而被淹死，但这些在我听来都是传说。在白天，大砗磲会将两片外壳完全张开，以便觅食。事实上，大砗磲的大部分营养来自它们与藻类的共生关系。这些藻类生活在大砗磲的体内，需要进行光合作用。藻类把它们的一些营养物质渗入砗磲体内，而大砗磲吸收了这些养分。作为回报，大砗磲为藻类提供了一个安全的居所。这就是为什么大砗磲居住在阳光充足的浅水区，以及为什么它们能够在营养匮乏的水域中长成大体形。当然，大砗磲对于浅水域的依赖让人类潜水员很容易接近它们。如果一位潜水员确实在大砗磲周围捣乱，那么大砗磲就通过关闭外壳来回应。然而，由于体形较大的大砗磲需要30秒才能关闭外壳，而且无论如何都无法完全闭合。因此，潜水员的四肢似乎不太可能被砗磲外壳困住。

^ 这是迄今为止发现的最大的大砗磲外壳。目前在北爱尔兰贝尔法斯特的阿尔斯特博物馆展出。

巨型珍珠

包括大砗磲在内的所有双壳类软体动物（用一对贝壳保护自己的动物）都会制造自己的贝壳，它们自身生长的同时也让贝壳生长。如果有沙粒之类的异物进入贝壳，并且卡在一个无法被冲洗出来的位置，软体动物就会在异物周围分泌类似用于制造外壳内壁的物质包裹异物，以减少异物摩擦肉体时产生的刺激感。软体动物最终可能会分泌出很多层这种物质，然后形成我们用作珠宝的珍珠。有些双壳类软体动物比其他动物更容易产出珍珠，而这种情况对于大砗磲来说非常少见。但在2006年，一位菲律宾渔民发现了一颗重达34千克的砗磲珍珠，这是有史以来最大的珍珠。就像艺术品一样，珍珠的价值取决于人们愿意为其支付的价格。但根据其他大型珍珠的售价，这颗珍珠可能价值一亿美元。全球各地纷纷报道这一发现，而这对大砗磲的物种保护工作没有多大帮助。因此我应该在此重申，任何尺寸的砗磲珍珠都是非常罕见的。

^ 双壳软体动物打开贝壳后露出一颗珍珠。

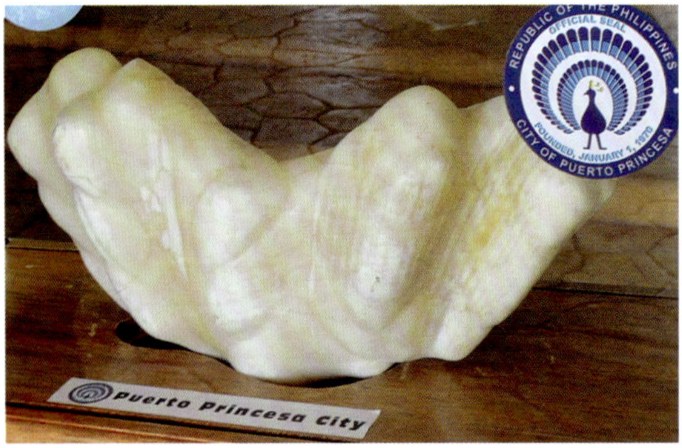

^ 2006 年，在菲律宾的一只大砗磲体内发现了一颗巨大的珍珠。因珍珠尺寸巨大而极具价值。

螺旋上升

章鱼、鱿鱼与所有带壳生物都被归类为软体动物，这似乎有些奇怪，但它们的祖先都有着明显的外壳。与章鱼和鱿鱼亲缘关系密切的是现存的六种鹦鹉螺。鹦鹉螺像鱿鱼一样在水中游动寻找食物，但它们有一个螺旋形的贝壳。贝壳由一系列逐渐增大的腔室组成，每隔一段时间，鹦鹉螺就会在螺旋状贝壳的末端建造一个更大的腔室。它们搬入这些更宽敞的空间，然后把原来生活的区域封闭起来。鹦鹉螺之前住过的腔室部分充满了气体，这就解释了为什么拥有如此沉重外壳的动物仍能游泳。当鹦鹉螺进食时，它们身体的一大部分会从居住腔室的开口处伸出。但如果受到威胁，它们就完全缩进居住的腔室，并用两根特别坚韧且卷曲的触手堵住入口。这为鹦鹉螺提供了极大的保护，让它们能够存活20多年，而同样大小的鱿鱼和章鱼的寿命很少超过2年。

鹦鹉螺的体形不大，最大的鹦鹉螺的外壳直径为25厘米。5亿年来，鹦鹉螺的体形几乎没有什么变化。在过去的大部分时间里，鹦鹉螺与另一类有壳的软体动物共同生活在海洋里。这类带壳软体动物大多也有类似的螺旋外壳，它叫作菊石。有些菊石体形非常巨大。例如，从塞彭拉德蜗轴菊石（*Parapuzosia seppenradensis*）螺旋外壳的不完整化石遗骸中可以看出，它的直径达1.8米。尽管塞彭拉德蜗轴菊石的螺旋外壳上最后的（最大的）腔室没有保存完整，但据估计，整体外壳的直径可能有2.5~3.5米，重约700千克，居于其间的身体重达750千克。已经发现了大量的菊石化石，但在6600万年前的白垩纪—古近纪生物大灭绝事件时，菊石这类海洋软体动物和恐龙一起灭绝了。为什么鹦鹉螺存活了下来而菊石却灭绝了？一个可能的原因是幼年鹦鹉螺在海底或海底附近生活，而幼年菊石被认为是在表层水域觅食。当陨石撞击地球并毁灭了地球上的许多生命时，相比于表层水域，深海水域可能在更大程度上缓冲了撞击带来的不利影响。

^ 鹦鹉螺的大部分身体都被它的外壳的外腔室所掩盖。

^ 鹦鹉螺贝壳的横截面显示其螺旋形状和多个腔室。

^ 巨菊石属的一种菊石有着该类群最大的个体，其中有些菊石的贝壳直径达 3.5 米。

重量级蠕虫

蠕虫的身体结构非常简单，因此它们应该很容易长到惊人的长度。对蚯蚓来说，体形越大，其消化系统中容纳泥土的时间就越长。所以，即使是最贫瘠的土壤，蚯蚓也能从中获取养分。此外，体形越大，蚯蚓就越有力量钻过非常紧实的土壤。同时，我们预计蚯蚓的体形会受到限制，体形越大，它们在拖动自己前行时与土壤的摩擦力就越大。确实存在许多非常长的蚯蚓。澳大利亚的吉普斯兰大蚯蚓（*Megascolides australis*）长度可达3米，而非洲巨型蚯蚓（*Microchaetus rappi*）的长度可达7米。不过，最大的蠕虫实际上并不是蚯蚓。

鲸体内的蠕虫

如果想找到一条真正巨大的蠕虫，那么你就必须在大型哺乳动物的肠道内寻找。这里之所以是一个可能有收获的地点，原因在于哺乳动物是恒温动物，它们的肠道和肠道内的任何寄生虫都处于适宜消化的温度下。而且，哺乳动物的进食频率很高，这意味着生活在它们肠道中的寄生虫通常都有很多食物，寄生虫通过它们的体表吸收这些养分。最重要的是，寄生虫不需要移动来觅食，它们只需将自己固定在肠道内（避免被排出体外），然后让宿主完成所有艰难的工作。如果寄生虫能够不被宿主的免疫系统发现，那么它们就有很大的生长空间，如成年人的小肠大约7米长。如果你要寻找最大的寄生蠕虫，那么一个很可能的地方就是最大的哺乳动物体内。事实上，巨型绦虫（*Polygonoporus giganticus*）就是在抹香鲸这种第二大鲸类的体内发现的。巨型绦虫的长度超过30米。

尽管抹香鲸重达57吨，但其体形仅是蓝鲸这种现存最大鲸类的三分之一。因此，在蓝鲸体内发现更大的寄生蠕虫似乎也并非不可能。然而，事实却并非如此。人类已经捕杀了数十万头蓝鲸，如果这些蓝鲸体内有巨型寄生蠕虫，那么很快就会被发现并报道。蓝鲸免受巨型寄生虫侵扰的原因可能在于蓝鲸的饮食习惯。当绦虫的卵排入环境中时，它们会被较小的中间宿主摄取，并在这些动物的组织中停留，直到中间宿主最终被宿主吃掉。

^ 吉普斯兰大蚯蚓长达 3 米。这位研究人员在蚯蚓身上打了个结，以阻止它把自己拖回洞穴里。

在这里，寄生虫幼虫发育成熟，并产出下一代虫卵。就巨型绦虫而言，它们的中间宿主很可能是大型鱼类。大型鱼类的寿命可能超过十年，这让它们有充足的时间在进食时感染寄生虫。而且，大型鱼类也有相当大的机会被抹香鲸之类的动物吃掉，然后寄生虫就可以在抹香鲸体内发育。相比之下，蓝鲸捕食只有1厘米长的磷虾类小型甲壳动物。这类小型甲壳动物的寿命并不长，而且它们中的大多数可能没有被蓝鲸吃掉。因此，寄生虫很难依赖蓝鲸来完成其生命周期。

成年雄性抹香鲸的平均体重约为40吨，是人类成年男性平均体重（80千克）的大约500倍。如果抹香鲸体内的绦虫能够长到30米长，那么你猜人类体内的绦虫可能长到多长？令人惊讶的是，它们并没有那么小。如果你吃了未煮熟的牛肉，那么就有感染牛带绦虫（*Taenia saginata*）的风险。牛带绦虫通常能长到4~10米，但最长的纪录是22米。那么，为什么抹香鲸的体形可以是人类的500倍，而抹香鲸体内的绦虫却大不了多少呢？其中一个原因是，如果人类感到饥饿，一般能找到足够多的食物吃。创纪录的牛带绦虫可能需要25年左右的时间才能长到22米。在生长的大部分时间里，牛带绦虫都在食用宿主吞下的食物。然而，比起体内没有寄生虫的时候，宿主很可能只需吃更多食物就能弥补被寄生虫吃掉的部分。

相比之下，野生动物就没有这种选择，因为它们需要非常努力地寻找自己需要的食物。如果绦虫占据了野生动物消化道的大部分空间，那么宿主就无法满足自身新陈代谢的需求，导致宿主日渐衰弱以至于没有能力觅食，结果就会衰弱得更快直至最终死亡。从这个意义上说，人类是绦虫的理想宿主。但从另一个意义上说，对绦虫而言，人类又是糟糕的选择，现代医学通常可以帮助我们驱除绦虫和其他体内寄生虫。

^ 牛带绦虫可长到22米长。为避免感染这种肠道寄生虫，应避免食用未煮熟的肉类。

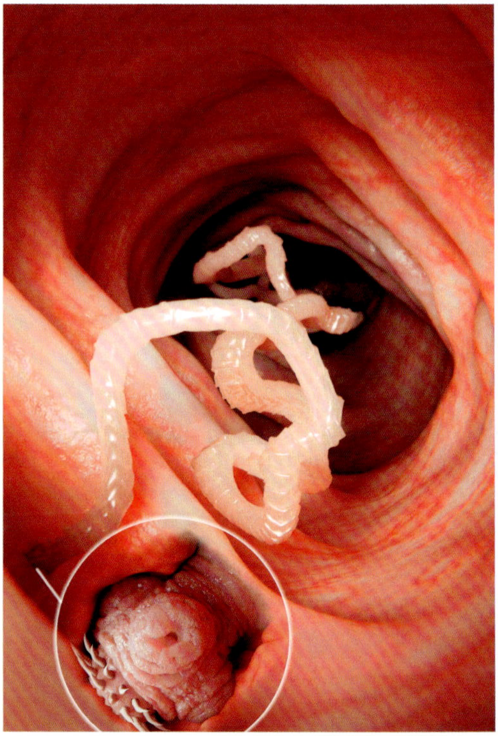

^ 人体肠道内的绦虫及其头部特写。绦虫用头部将自己牢牢地附着在消化道壁上。

^ 缎带虫（*Lineus longissimus*）
体长：可能达到 55 米。
由于缎带虫总将身体扭曲并盘绕起来（见图示），所以要测量一条长长的、活着的缎带虫几乎是不可能的。从死亡的缎带虫标本中很难确定它在死后改变了多少，从而影响测量缎带虫的长度。

最长的生物体？

在本章前面，我认为狮鬃水母可能是现存最长的动物。我们不能确定，是因为曾有报道称一只缎带虫长达55米，这是一种在英国和挪威海岸常见的物种。根据记录，从未有超过10米的活体缎带虫。但在1864年，苏格兰的圣安德鲁斯海岸（距离我现在写作的地方开车五分钟）曾有一只死亡的缎带虫被冲上海岸。

这只缎带虫似乎没有被保存下来，但当时的报道称："它占一个宽20厘米、深13厘米的解剖罐的一半。经测量，在没有断裂的情况下有27.43米长，但盘着的虫体还没有展开一半。”如果测量到的“未展开一半”的部分有27.43米长，那么缎带虫的总长度肯定至少达55米。这也是科普书和网站上通常报道的数值。

然而，缎带虫在死后受到海浪冲击时会大幅伸展，因此很难知道这种动物生前的真实大小。

我看到过一些计算，着重于上文中提到的另外一半的长度。在对缎带虫的宽度进行一系列合理假设的情况下，它要有多长才能填满解剖罐的一半？同样的，55米的长度似乎是合理的。然而，我们不知道缎带虫的腐烂程度，也不知道它死后会不会吸水，或者在腐烂过程中是否会产生气体导致个体膨胀。此外，这个报道并没有说明缎带虫是没有任何空隙地填满了半个罐子，还是松散地盘绕着，因此我们只能根据非常不可靠的证据来胡乱猜测。当然，这类物种中也可能存在现存最长的生物体，但如果有更多的证据就更好了。事实上，有关狮鬃水母体长的证据也同样不可靠，它源自1865年的一份报告，其中写道：“我亲自测量了一个标本……其触手可以延伸到超过37米的长度。”我在上文的提示也适用于这一说法，因此我们确实无法确定哪个物种是最长的。但巨型绦虫可能还没有退出竞争，我们确实有可靠的文献证据。

^ 很少有动物的名字能像缎带虫一样贴切，尽管称它为打结的缎带虫更为准确！

第八章　创纪录的爬行动物和两栖动物

最早从海洋中登陆的脊椎动物是两栖动物，距今约 3.7 亿年。就大型动物而言，两栖动物独占陆地的时间超过 1 亿年。两栖动物的卵具有透水性，因此它们必须在潮湿的环境中产卵，以防止胚胎干燥。后来占据主导地位的是爬行动物，它们的主要创新是给卵加上一层坚硬的外壳，从而可以在任何地方产卵。在此，我们将探讨这两类脊椎动物中最大的物种。

巨型蛇

第七章讨论的蠕虫是无脊椎动物，它们没有人类和其他脊椎动物所有的脊椎。取而代之的是流体静力骨骼，其刚性来自内部压力，很像自行车的轮胎。虽然蛇表面上看起来很像蠕虫，又细又长，但实际上它们的身体结构完全不同。蛇与人类一样是脊椎动物，但人类的脊椎由 33 节椎骨组成，而蛇的脊椎可能有 300 节椎骨，因此蛇的身体比人类灵活得多。

^ 蛇与人类一样都是脊椎动物，它们有庞大的骨架支撑着肌肉发达的身体，这让它们能够捕猎。

毒蛇和绞杀型蛇

许多人都对蛇有一种恐惧感，这很正常。事实上，据说这是最常见的恐惧症。这是很有道理的，很多蛇都非常危险并且能够更轻易地杀死猎物。蛇用两种截然不同的方式杀死猎物：一种是咬伤猎物并注射毒液；另一种是用身体盘绕住猎物并紧紧挤压，让猎物胸腔无法扩张呼吸，甚至可能阻止血液流向大脑。

^ 网纹蟒（*Python reticulatus*）
体长：6.1 米。
网纹蟒是世界上最长的蛇之一，有些网纹蟒超过 6 米长。2017 年和 2018 年在印度尼西亚有确凿记录的案例证明，网纹蟒可以杀死并吃掉成年人。

< 2017 年，一名 25 岁的印度尼西亚农民失踪了。在寻找他的过程中，人们发现了一条网纹蟒。它 7 米长的身体中间有一个巨大的凸起，不幸的是，这正是那位失踪的农民。2018 年，一位 54 岁的妇女在自家花园内劳作，她也成为网纹蟒的受害者。

实际上，我们对毒蛇的恐惧远大于对绞杀型蛇的恐惧。据估计，每年大约有9万人被毒蛇咬死，而每年被蛇绞杀致死的不到9人。也许这毫不奇怪，最大的蛇是绞杀型蛇。虽然毒蛇并不需要很大的体形才能杀死人类，但绞杀型蛇肯定需要大体形。

骨头粉碎机

确实有一些非常大的绞杀型蛇。绿巨蟒（*Eunectes murinus*）的体长可达5米，体重近100千克。东南亚的网纹蟒（*Python reticulatus*）的体长可能更长，达7米，但没有那么重，只有60千克。缅甸蟒（*Python bivittatus*）也产于东南亚，体长可达5米，体重75千克。所有这些物种均被指与多起人类绞杀致死事件有关。由于这些物种生活在人烟稀少的地区，此类攻击只是传闻。然而，这几种大型蟒蛇都是很受欢迎的宠物。令人惊讶的是，当宠物蟒蛇长到太大而主人无法控制时，被蛇绞杀比率最高的国家很可能是美国。

绞杀型蛇在杀死猎物后，一般会试图将其整个吃掉。这三种绞杀型蛇肯定可以吞下大型猎物，最大的绞杀型蛇可以吃掉一个成年人。一般来说，一条蛇可以轻松吞下相当于自身体重60%的猎物，而吞下与自己体重相当的猎物也不是没有先例。虽然体形较瘦小的网纹蟒可能很难吞下人类的肩膀，但也有报道称有人被网纹蟒和其他巨型绞杀型蛇吃掉，其中包括2017年和2018年在印度尼西亚发生的案例。

^ 绿巨蟒（*Eunectes murinus*）
体长：6.1 米。
最长的绿巨蟒和最长的网纹蟒相似，体长超过 6 米。但绿巨蟒更粗，因此也更重，最大的绿巨蟒至少重 160 千克。

> 塞雷洪泰坦巨蟒（*Titanoboa cerrejonensis*）
体长：15 米。
塞雷洪泰坦巨蟒是目前已知最大的蛇类，体长可达 15 米，体重为 2000 千克。在 6000 万年前的南美洲，与这些蛇共同生活的动物中很少有体形巨大到足以躲过它们的攻击的。

^ 缅甸蟒（*Python bivittatus*）
体长：4.9 米。
缅甸蟒的平均体形仅比网纹蟒小一点，但作为宠物却出乎意料地受欢迎。然而，宠物可能逃跑或被放生，目前在美国佛罗里达州大沼泽地中，这种缅甸蟒的数量越来越多。

泰坦巨蟒

我们不难理解为什么绞杀型蛇会进化成大体形。在没有毒液的情况下，雄性之间争夺雌性的战斗是对力量的考验，获胜者往往是两者中较大的一方。一般来说，蛇需要忍受长时间的进食间隔。随着体形增大，可储存的脂肪会比新陈代谢率增加得更快，以帮助蛇类度过饥饿时期。这意味着体形较大的蛇面临饥饿的风险较小。此外，绞杀型蛇的体形越大，它们对付的猎物也就越大。

迄今发现的最大的蛇是塞雷洪泰坦巨蟒（*Titanoboa cerrejonensis*），其化石表明它们生活在大约6000万年前的南美洲。它们与绿巨蟒相似，但很可能超过13米长，800千克重。塞雷洪泰坦巨蟒的奇特之处在于，它们似乎经常会达到巨大的体形。古生物学家发现了8条独立的塞雷洪泰坦巨蟒的遗骸，它们看起来都同样巨大，估计体长为11~15米。脊椎动物的体形通常都有相当大的差异，但极端的体形极为罕见。然而，就塞雷洪泰坦巨蟒来说，它们似乎很容易长到一定极限的体形。尽管在找到更多遗骸之前，科学家还不能确定这一点。我的猜测是，这种蛇的祖先

远没有这么大，很难想象如此巨大的顶级捕食者能在小行星撞击地球的灾难之后生存下来。相反，它们可能是在一个没有恐龙，但哺乳动物尚未多样化到填补顶级捕食者角色的世界里，机会性地成长为巨大的体形。

体形适度

目前还不清楚，为什么今天没有像塞雷洪泰坦巨蟒那样可怕的蛇。可能是因为我们生活在一个不寻常的时代，大型动物并不特别常见。因此，绿巨蟒的体形可能只是长到它们需要的那么大。换句话说，它们没有真正遇到过太大而不能吃的东西。因此，绿巨蟒没有扩大食物选择范围的压力，也就无须让自己变得更大。2009年首次报道塞雷洪泰坦巨蟒这一发现的科学论文认为，这种蛇生活的世界比现在世界温暖得多。而较高的温度对于大型冷血伏击捕食者来说是必不可少的，它们需要保持足够温暖才能让身体正常运转。然而，我对这一点并不完全确定，因为湾鳄作为伏击捕食者功能表现得非常好，它们体重达到1000千克，至少和塞雷洪泰坦巨蟒一样重。本章稍后我们将再次讨论这个问题。

^ 塞雷洪泰坦巨蟒生活在沼泽地中，鳄鱼很可能是其食物之一。不过，与塞雷洪泰坦巨蟒共同栖息的大海龟更容易成为它们的美餐。

最致命的蛇类

据说，澳大利亚中部的内陆太攀蛇（*Oxyuranus microlepidotus*）是世界上最毒的蛇，咬一口就能转移足以杀死100个成年人的毒素。更糟糕的是，与大多数蛇类不同，内陆太攀蛇似乎不会进行“警告性”咬击。如果它们真的咬人，那么几乎肯定会转移毒液。与大多数蛇类不同的另一点是，它们经常会咬好几次。如果治疗不及时，那么受害者可能在一小时内死亡。尽管如此，人类被内陆太攀蛇咬伤的记录非常少。这是因为内陆太攀蛇非常罕见，它们只生活在人迹罕至的地方，而且生性害羞、孤僻。

非洲黑曼巴蛇（*Dendroaspis polylepis*）造成的死亡人数则要多很多。与内陆太攀蛇一样，非洲黑曼巴蛇也有特别强效的毒液。它们不会做出无毒咬击，并且经常咬击多次。然而，与内陆太攀蛇不同的是，非洲黑曼巴蛇的自然分布范围很广，栖息地类型多种多样，而且数量相当多。此外，很多人都生活在非洲黑曼巴蛇的活动范围内，它们行动迅速，往往具有领地意识。当你在离它们30米内的距离时，它们很可能开始直立起来展示威胁姿态，如果你不注意这一警告，就极有可能会遭受攻击。

‹ 黑曼巴蛇是最致命的毒蛇之一，但这并不妨碍獴捕食它们。獴的优势在于速度、团队精神以及对毒蛇毒液的部分免疫力。

巨型蜥蜴

科莫多巨蜥（*Varanus komodoensis*）是现存最大的蜥蜴，但在此我们还将介绍一些其他巨型蜥蜴。其中一种巨蜥可能比科莫多巨蜥更长，另一种巨蜥则更容易在野外找到。我们的巨蜥之旅将以澳大利亚的蜥蜴祖先结尾。

科莫多巨蜥

科莫多巨蜥是当今最大的蜥蜴，长达3米，体重超过70千克。科莫多巨蜥分布在印度尼西亚分散的岛屿上，其中包括科莫多岛。像科莫多巨蜥这种巨型蜥蜴很可能曾经广泛存在于亚洲和澳大利亚，但后来被哺乳动物淘汰。科莫多巨蜥有着丰富多样的饮食，它们既是捕食者也是食腐者，但大部分食物来自捕杀鹿。

^科莫多巨蜥（*Varanus komodoensis*）
体长：3 米。
科莫多巨蜥是现存最大的蜥蜴，体长超过 3 米，重达 70 千克。
令人惊讶的是，这种巨蜥直到 1910 年左右才为科学界所知。

科莫多巨蜥通常避免与人类接触，但它们曾攻击过人类，其中有些攻击是致命的。科莫多巨蜥危险的一部分原因在于它们会进行有毒咬击，能够防止血液凝结。它们还以人类尸体为食，而且嗅觉灵敏。因此，科莫多岛上的墓穴都埋得特别深，且坟墓上堆满了巨石块。科莫多巨蜥的觅食行为还扩展到攻击体形较小的同类。因此科莫多巨蜥的幼崽大部分时间都生活在树上，以避免被捕食。

科莫多巨蜥拥有惊人的体形，是动物园展出中的热门动物。最近，人们发现了该物种生态学中一个极为不寻常的方面：尽管单独饲养的雌性科莫多巨蜥从未与雄性交配过，但仍能产下可孵化的卵。

这种卵的后代总是雄性的。这种行为被称为救生艇机制，是拯救濒危物种的一种策略。想象一下，一个种群已经减少到只剩一个个体。如果这个个体是雄性的，并且不从其他地方引入雌性，那么种群数量就没有恢复的希望。但如果这个个体是雌性的，那么它就有可能生下雄性，然后与其中一个雄性繁殖产生更多的雌性和雄性个体，从而使种群得以恢复。然而，这一策略并非完全可靠。在帕达尔岛上，科莫多巨蜥似乎在过去几年已经灭绝，其他一些较小岛屿上的数量也在不断减少。人类过度捕杀鹿和其他大型食草动物，剥夺了科莫多巨蜥的食物来源，这是导致该物种数量减少的主要原因。目前，在科莫多岛和林卡岛上，科莫多巨蜥的种群数量似乎保持稳定。该物种对于旅游业的价值以及大多数科莫多巨蜥个体远离人类的本能，有助于保护它们。

鳄鱼巨蜥

新几内亚的鳄鱼巨蜥（*Varanus salvadorii*）有时被称为世界上现存最长的蜥蜴。鳄鱼巨蜥的体形比科莫多巨蜥瘦小许多，即使是大体形的成年蜥蜴也要花很长时间才能爬到树上。鳄鱼巨蜥有一条长长的尾巴，有些鳄鱼巨蜥的尾巴可能是身体其他部分的2倍长。它们的尾巴可能用于在树上保持平衡，也用于自卫时鞭笞攻击者。

鳄鱼巨蜥之所以是一种与众不同的蜥蜴，是因为它们有主动的捕猎方式，而不是像许多大型爬行动物那样的伏击捕食。鳄鱼巨蜥能做到这一点，关键在于它们能够边跑边呼吸。我们认为这是理所当然的，但几乎所有蜥蜴都没有这个能力。大多数爬行动物的奔跑方式是弯曲左侧和右侧的身体。但这样会造成一个问题，

〈 鳄鱼巨蜥（*Varanus salvadorii*）
体长：2.4 米。
鳄鱼巨蜥体长可达 2.4 米，但它们非常瘦弱，最大的鳄鱼巨蜥体重可能不到 20 千克。这就解释了为什么这些巨蜥经常在树上出现。

即受压侧的肺部没有足够的空间来充气。这不妨碍蜥蜴快速奔跑，但确实妨碍它们长时间奔跑。不过，鳄鱼巨蜥的喉咙已经适应了这一问题。它们的喉咙就像一种泵，可以吸入更多的空气，让蜥蜴能够追逐猎物。幸运的是，鳄鱼巨蜥通常会避免与人类接触。

沼泽水怪

最容易在野外见到的巨蜥是水巨蜥（*Varanus salvator*），它们与科莫多巨蜥和鳄鱼巨蜥不同，水巨蜥广泛分布于亚洲各地。它们相当常见，而且并不特别怕人，甚至可以生活在相对城市化的环境中。

∧ 虽然经常在人类活动范围附近发现水巨蜥，但它们极少攻击人或宠物。水巨蜥游泳技术高超，主要以鱼和青蛙为食。

顾名思义，水巨蜥经常泡在水里。如果你去东亚或东南亚旅游，就可以在碰巧经过的运河或河流里找找水巨蜥。水巨蜥体色深暗，肌肉发达，体长可达2米，体重超过50千克。水巨蜥的体重仅次于科莫多巨蜥。然而，达到这个体形的水巨蜥并不多。

每年有超过100万只水巨蜥被猎杀，以获取它们的皮肤（制成鞋子、皮带和手提包）、进行活体宠物交易、作为食物或传统药物。斯里兰卡是观看水巨蜥的最佳地点之一。该物种在斯里兰卡广泛分布，但猎杀水巨蜥在这里并不常见。人们认为虽然水巨蜥可能偷食少量的鸡，但它们在控制毒蛇和其他害虫的数量方面能带来更多益处。

古代伟大的漫游者

距今100万~4万年的这段时间，有一种与上述现存水巨蜥相似的大型蜥蜴生活在澳大利亚南部。科学家们对它们和其他蜥蜴的亲缘关系无法达成一致意见，因此它们被称为古巨蜥或巨齿蜥。

> 水巨蜥（*Varanus salvator*）
体长：2.5 米。
水巨蜥的体长可达 2.5 米，最重的水巨蜥几乎与一个成年人类一样重。这种蜥蜴通常在受人类干扰的环境中自在生活，甚至在城市地区也是如此。事实上，在泰国曼谷的运河和公园中很容易发现水巨蜥。

由于很少发现该物种完整或接近完整的骨架，因此很难知道它们的实际体形有多大。不过，据估计，最大的古巨蜥大约有6.1米长，是科莫多巨蜥的2倍长，体重超过500千克。巨大的体形让古巨蜥成为顶级掠食者。它们处于食物链的顶端，能够捕食几乎任何其他物种，而其自身却只受到少数物种攻击。古巨蜥的主要对手是重达160千克的袋狮（*Thylacoleo carnifex*）。

从所发现的遗骸相对数量来判断，袋狮似乎更为常见。古巨蜥与袋狮的灭绝时间大致相同，与人类到达澳大利亚的时间基本一致。把这些事件联系起来是很有趣，但事实上，人们对澳大利亚早期的人类居住情况还知之甚少。有趣的一点是，自从这两类物种灭绝后，澳大利亚就明显缺少大型陆地顶级掠食者。只剩下重达30千克的袋狼（*Thylacinus cynocephalus*）。袋狼于几千年前在大陆上消失，并在塔斯马尼亚岛继续存留，直到它们在20世纪的某个时候消亡。人类捕猎与栖息地因火灾而发生的变化，人类引入家犬（*Canis familiaris*）带来的竞争，都是潜在的罪魁祸首。

澳大利亚是人类最后一个到达的大陆。到达澳大利亚时，人类已经拥有了先进的技术。显然，人类从一开始就是澳大利亚高效的顶级掠食者，几乎没有给其他大型掠食者留下任何生存空间。

^ 古巨蜥（*Varanus priscus*）
体长：6.1 米。
古巨蜥可能有 6.1 米长，体重超过 500 千克。当人类首次到达澳大利亚大陆时，古巨蜥似乎还存活在这片大陆上。

弗洛雷斯岛——巨兽与矮小类人猿之岛

弗洛雷斯岛是拥有野生科莫多巨蜥种群的印尼岛屿之一，该岛与科莫多岛相邻。弗洛雷斯岛上有几个小型物种变得比其他地方更大的例子，比如科莫多巨蜥，也有大型物种变得更小的例子。后者最特别的一个例子是在2003年发现的，当时在岛上的一个石灰岩洞穴中发现了可追溯到5万年前的小型类人化石遗骸。这些类人猿成年后的最高身高略低于1.2米，因此它们被昵称为“霍比特人”也就不足为奇了。科学家们尚未就类人猿为何如此矮小达成一致。有人认为类人猿是我们智人中的一个种群，他们患有某种阻碍生长的病理状况。其他人则认为类人猿是一个独立的人种（称为弗洛雷斯人），是从我们祖先中一个更早的人种（直立人）衍生而来。直立人早在100万年前就来到了这个岛上，后来进化得更小了。

另一个有趣的问题是：弗洛雷斯人是如何到达弗洛雷斯岛的？在过去的100万年里，海平面发生了变化，有时应该可以从弗洛雷斯岛步行到科莫多岛，但是无法从科莫多岛步行至大陆。有些科学家认为，弗洛雷斯岛上存在着类人物种，这证明了早期的造船技术，从而生成了合作和语言。不过，我认为我们不应该排除这种可能性，即少数类人物种完全在无意中被冲到岛上，也许是在一场巨大的海啸之后。这是我们祖先历史上一个令人兴奋的新转折。希望古生物学家能在弗洛雷斯岛（甚至科莫多岛）发现更多的化石遗骸，来帮助我们拼凑出这个故事。

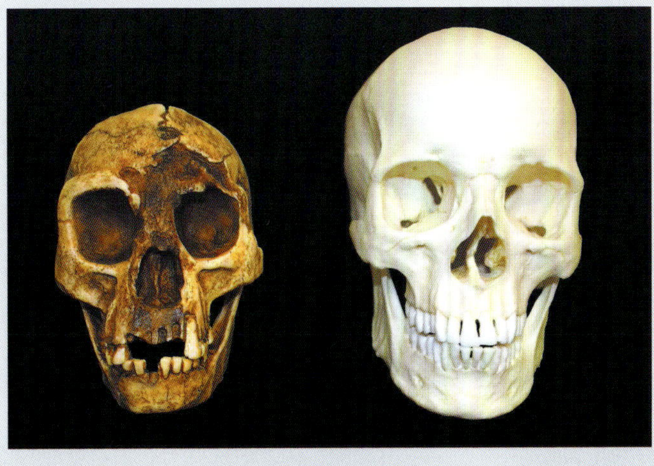

> 弗洛雷斯人不仅比现代人矮小，他们的头部和大脑也比现代人小很多。

大型爬行动物的生态位

在恐龙灭绝后的 6600 万年里，哺乳动物和鸟类崛起并在世界大部分陆地地区成为主要的大型动物，把爬行动物和两栖动物挤到了边缘地区。当问及为什么有些大型爬行动物仍然出现在陆地上时，考虑哺乳动物和鸟类需要吃多少东西是很重要的。

< 这只来自加拉帕戈斯群岛的巨型陆龟是食草动物，它们通常在不适合兔子、山羊和鹿等哺乳类食草动物的生存环境中生活。

引人深思

为什么科莫多巨蜥和其他爬行动物能够旺盛生长，是因为它们适应了哺乳动物无法适应的不同的生态位。正如我们在第三章中看到的，哺乳动物和鸟类一样，都是恒温动物。换句话说，它们通过体内产热来维持较高且相对恒定的体温。

当考虑到哺乳动物在静止时的新陈代谢是同等大小爬行动物的10倍时，你就会明白这是一种代价非常昂贵的生存方式。因此，哺乳动物需要吃很多，特别是大型哺乳动物需要大量进食，所以这些动物中有生存能力的种群需要大量的食物供应。

> 鳄鱼只用一小部分时间觅食，大部分时间它们都像这只鳄鱼一样张开大口来打瞌睡或保持凉爽。

这可能对于孤立的岛屿来说是个问题，而对食物链顶端的大型掠食者则尤为严重，因为那里就只有那么多食物可供选择。想象一个简单的食物链中，兔子吃草，狐狸吃兔子。狐狸的问题在于，当它们吃掉兔子时，它们没有得到兔子从草里获得的所有能量。而狐狸只得到兔子用于生长、增加脂肪和肌肉的能量，无法得到兔子用于促进自身新陈代谢的更大量的能量。因此，食物链越往上，动物种群可获取的能量就越少。

在科莫多岛上，鹿的数量足以养活科莫多巨蜥，但是不足以养活同样数量的老虎。这是因为老虎是哺乳动物，它们需要吃更多的东西。事实上，这些食物能养活的老虎数量可能仅是科莫多巨蜥的十分之一。如此小的种群很容易灭绝。例如，如果一只动物生病了，一只动物受伤了，还有一只动物无法繁殖，那么其数量就会突然减至零。由于岛屿上的食物资源较少，我们通常发现那里的爬行动物填补了大陆上由哺乳动物占据的生态位。于是，肉食性的科莫多巨蜥出现在印度尼西亚的小岛上，而不是虎或狼。巨型陆龟出现在世界各地的岛屿上，它们填补了在大陆上通常由兔子和鹿占据的生态位。

盛宴或饥荒

与上文中提到的科莫多巨蜥和巨龟一样，鳄鱼也填补了类似大小的哺乳动物难以填补的生态位。作为伏击掠食者的优势在于，你只需要等待猎物上门，这就节省了大量用于寻找猎物的能量。这种掠食方法的缺点是，两餐之间可能要等待很长时间。不过，这对于大型鳄鱼或蛇而言不是问题，它们有足够的储备可供在两餐之间维持长达6个月的时间。相比之下，大型猫科动物或熊则需要定期进食，一周不进食就肯定会因饥饿而开始感到无力。

我们都在电视上看过自然纪录片，其中播放了尼罗鳄（*Crocodylus niloticus*）在每年的迁徙途中跋山涉水时大吃斑马和角马的镜头。这种美食盛宴每年仅出现一两次，但鳄鱼可以靠这些非常偶然的盛宴存活（甚至旺盛生长），并以漂过或游过的少量死鸟或鱼类作为补充。与其他爬行动物一样，鳄鱼对食物的要求很低，这让它们得以填补哺乳动物无法填补的生态位。

^ 即使是大型鳄鱼，仅靠一只高角羚（*Aepyceros melampus*）也能撑上几个星期。

> 加拉帕戈斯象龟（*Chelonoidis sp.*）
体重：400 千克。
现在还存活着 10 个不同种类的加拉帕戈斯象龟，它们的体形都很相似。遗憾的是，1835 年博物学家查尔斯·达尔文到访这里的岛屿，那时有 15 种不同种类的加拉帕戈斯象龟，而他宣称“象龟炖汤非常美味”。

巨型陆龟

我们并不认为陆龟是行动最灵活的动物，但令人出乎意料的是，它们甚至非常擅长到偏远岛屿栖息。部分原因在于其龟壳内有空气，它们能很好地漂浮在水面上。陆龟通常也是游泳健将，可以在没有食物或淡水的情况下坚持很长时间。在偏远岛屿上，由于缺少像鹿这样的食草哺乳类动物的竞争，陆龟通常长得非常大。

缓慢而稳定的生存之道

乌龟已经存在了2.5亿年或更久，巨型陆龟也至少存在了7000万年。巨型陆龟曾广泛分布在大陆和许多岛屿上，但如今它们只生活在两个岛群上。

真正对许多岛屿上的巨型陆龟造成影响的是16~19世纪的欧洲水手，仅仅因为体形较大的龟能够提供大量的肉。

水手们会在合适的岛屿上休息，伸展腿脚、准备木材等有用的材料以及新鲜的食物和水。水手们发现巨型陆龟是理想的食物来源，因为它们很容易被发现，而且速度缓慢无法逃跑，特别是巨型陆龟可以在没有食物和水的情况下在船舱里存活数月。水果已腐烂很久，同一时间捕获的其他活体动物已死亡很长时间，但巨型陆龟仍是新鲜肉类的主要来源。

印度洋上的毛里求斯、留尼汪岛和罗德里格斯岛曾是五种巨型陆龟的家园，直到人类在过去400年间导致它们灭绝。因此，特别令人欣慰的是，巨型陆龟现在又被重新引入到其中两个岛上。平心而论，巨型陆龟物种的灭绝并不能完全归咎于人类。

加那利群岛曾经拥有两种巨型陆龟，但在人类与该群岛有任何接触之前，这两种巨型陆龟似乎就已经灭绝了。可能因为火山爆发摧毁了巨型陆龟的大量栖息地，以至于无法再为它们提供充足的食物。

目前仍能在野外发现的巨型陆龟包括：印度洋偏远的阿尔达布拉环礁上的15万只阿尔达布拉象龟（*Aldabrachelys gigantea*）、桑给巴尔附近昌古岛上的一个巨型陆龟小种群，以及毛里求斯和罗德里格斯岛上最近引入的一些生长旺盛的巨型陆龟种群。此外，太平洋加拉帕戈斯群岛上还有2500只加拉帕戈斯象龟（南美象龟属）。在所有这些剩余物种中，寿命最长的巨型陆龟能够长到略超过400千克。

相对来说，我们很容易理解这些巨型陆龟是如何到达偏远岛屿的。由于龟壳下有空气，巨型陆龟一般能够很好地漂浮。并且如上所述，巨型陆龟可以在不吃不喝的情况下存活很长时间。不难想象，一群巨型陆龟被风暴或海啸冲到海上，然后它们随洋流漂浮，再在同一个岛屿登陆。虽然这种事件不太可能发生，但也并非完全不可能。毕竟，每个世纪全世界都会发生几次大海啸，而巨型陆龟已经存在了数千万年。

乔治与乔纳森

孤独的乔治是已知的最后一只加拉帕戈斯象龟平塔岛亚种（*Chelonoidis abingdonii*）。到1971年，平塔岛上的植被因被引进的野化山羊啃食而遭到严重破坏，巨型陆龟的数量急剧减少。一只雄性巨型陆龟被发现并被圈养起来，同时人们在岛上和动物园里寻找，希望能找到一只雌龟。然而，一无所获，这只雄龟被称为“孤独的乔治”，并因此变成了保护巨型陆龟的标志。随着“孤独的乔治”于2012年去世，这一物种也永远地消失了。

乔纳森是一只塞舌尔巨龟（*Aldabrachelys gigantea*），它一般被认为是现存最古老的陆生动物。1882年，它被船只带到南大西洋的圣海伦娜岛，作为礼物送给了岛上的英国总督。令人惊讶的是，它至今仍然活着。我们不知道“乔纳森”的确切年龄，但1886年拍摄的一张它的照片显示，当时它的体形和外观已完全成熟。巨龟一般要到50岁才会达到这样的状态。因此，如果“乔纳森”在1886年是50岁，那么到2018年它至少已经182岁了。

乔纳森是一只塞舌尔巨龟。不过，自从1882年它被移出塞舌尔群岛后，就再也没见过自己的家乡了。它似乎已经失明了好几年，什么也看不见了。

孤独的乔治仍然是保护巨型陆龟的标志。2012年它去世后，被制成标本保存起来，目前在加拉帕戈斯群岛的查尔斯·达尔文研究站展出。

巨型海龟

^ 棱皮龟（*Dermochelys coriacea*）
体重：600 千克。
图中一只棱皮龟正在捕食海泡菜，海泡菜是一种大型海洋无脊椎动物。虽然棱皮龟的食物不是特别有营养，但它们花费大量时间进食，体重可以长到超过半吨。

在有些岛屿上，陆龟已经进化出了巨大的体形，而生活在水中的动物可以自由地长到更大的体形。没有一只陆龟的体形能与棱皮龟相比，棱皮龟几乎终生生活在海洋中。事实上，棱皮龟是现存所有爬行动物中体形第四大的，仅次于三种鳄鱼（同样主要是水生鳄鱼）。

海龟有好几种，体形都相当大，但最大的当属棱皮龟。棱皮龟几乎是完全水生的，只需要在沙滩上产卵，其他时间都游弋在海洋中寻找猎物水母。最大的棱皮龟可达650千克。

保持温暖

∧ 像这些棱皮龟一样，大多数刚孵化的幼龟都是从巢穴中出来的。幼龟会沿着海滩一起冲向大海，并用这种方式让当地的捕食者无法应对。一旦进入大海，雄龟将在那里度过余生，再也不会返回陆地。

棱皮龟分布于世界各地，甚至在阿拉斯加和挪威附近的寒冷水域也有它们的身影。棱皮龟在觅食时会潜入水深1000米以下的水域，那里的海水总是很冷。它们之所以能适应这种寒冷的环境，是因为棱皮龟几乎不停地游动，以此从肌肉中产生大量的热量。

由于多种因素，它们能够很好地保持热量。棱皮龟的大体形对保持热量很有帮助。正如第一章所讨论的，物体越大，其体积与表面积相比就越大。就棱皮龟而言，它们的肌肉体积比表面积（内部产生的热量会通过表面积散失）大。此外，它们的身体周围覆盖着一层厚厚的脂肪，就像鲸的脂肪一样，能起到保温作用。

为了高效地游泳，棱皮龟有巨大的前鳍，最大的棱皮龟的前鳍可达2.5米。它们的前鳍也相对扁平，因此热量容易从较大的表面积中散失。这是棱皮龟特有的问题，它们必须把血液输送到前鳍上，才能让前鳍的组织进行正常的新陈代谢。

< 对于雌性棱皮龟来说，在沙滩上爬行一定很费力气。它们喜欢不太陡峭的海滩，因为它们不用爬很远就能到达高潮海岸线以上的沙滩。

然而，棱皮龟已经成功克服了这一明显的缺点。通过一种巧妙的“逆流热交换”机制，可以将流向鳍肢的血液中的热量留住，并且用这份热量重新加热从鳍肢回流至核心的血液，从而大幅减少热量损失。通过这种方式，棱皮龟可以使身体核心部分的温度保持在比周围水域高8℃的水平。这种高强度的生活模式意味着棱皮龟几乎时刻都要进食。由于它们的食物几乎全部由水母构成，因此它们还需要不停游动以寻找猎物。尽管水母的食品营养价值很低（约95%都是水），但水母是一种很具吸引力的食物来源。海洋中有大量水母，棱皮龟不需要游得很快就能捕捉到它们。

一场数字游戏

成年棱皮龟体形庞大，据说能让捕食性鲨鱼甚至虎鲸无法靠近它们，因此棱皮龟几乎没有什么需要担心的捕食者。不过，棱皮龟在产卵期和幼龟孵化期都非常脆弱。它们的卵需要在温暖的沙地中孵化2个月，才能孵化出幼龟。据观察，在此期间，各种哺乳动物、鸟类、螃蟹和巨蜥都会把卵挖出来，作为一顿既丰盛又营养丰富的大餐。雌性棱皮龟不会守卫它们的后代，而是在产卵后就立刻返回海洋中。更何况，棱皮龟在陆地上是非常笨拙的。更糟糕的是，用来产卵的海滩是非常容易预测的。海滩必须有温暖的沙子，没有石头（因为成年龟身体的底部没有很好的保护），沙质足够松软以便挖掘，而且坡度要缓，否则雌龟要爬上陡坡会很吃力。符合所有这些标准的沙滩并不特别常见，所以捕食者可以有效地将注意力集中在少数沙滩，而龟卵和幼龟的死亡率也因此非常高。

即使到了海里，幼龟在几年内仍然很容易受到海洋捕食者的攻击，只有极少数幸运的幼龟能够长到很大。成年龟的最大威胁不是它们的天敌，而是塑料袋。如果不小心丢弃了一次性塑料袋，那么它们很容易被吹入海中，然后在表层水域漂浮数年。不幸的是，对棱皮龟来说，塑料袋看起来很像水母，足以骗过它们。摄入的塑料会完全堵塞棱皮龟的消化系统，导致它们慢慢死亡。

已灭绝的带壳巨人

在过去的 6600 万年中，哺乳动物逐渐崛起并填补了许多生态位，尤其是那些需要庞大体形的生态位。这意味着，当我们查看化石记录时，往往会发现巨型陆龟和海龟曾比现在更加多样化、分布更加广泛。

许多曾经由陆龟填补的生态位现在被兔子和鹿占据，许多曾经由巨型海龟填补的生态位现在由海洋哺乳动物占据。

^ 地纹骇龟（*Stupendemys geographicus*）
外壳长度：2.5 米。
地纹骇龟生活在距今 600 万 ~500 万年的南美洲，是已知最大的龟类之一。人们在沉积物中发现了地纹骇龟的遗骸，这表明它们生活在淡水而不是海洋中。地纹骇龟可能不是游泳健将，因此在中新世晚期至上新世早期它们可能栖息于沼泽中。

^ 骇龟、古巨龟和巨鳌龟的体形对比。

带壳巨人的震撼

与许多动物群体的情况一样，过去曾有比现在更大的陆龟和海龟。迄今为止，发现的最大的陆龟是一种叫作巨鳌龟的陆龟。该物种似乎在距今1000万~200万年的这段时期广泛分布于亚洲各地，巨鳌龟身高近2米，体长3米。要估算这样一个巨型怪兽的质量是很棘手的事，假定龟壳的厚度和壳内肉的填满程度只要发生相对很小的变化，都会对估算结果产生重大影响。巨鳌龟的体重数值从1000千克开

< 卷角龟（*Meiolania sp.*）
外壳长度：2.5 米。
卷角龟属的成员生活在 5 万年前的澳大利亚陆地上，它们的外壳长约 2.5 米。卷角龟受到威胁时无法将头部和尾部缩进壳中，取而代之的是，它们的头部、尾部都有厚厚的铠甲，头上还有角状凸起。

始，一直到4000千克。

卷角龟属是陆龟的一个属，它们几乎可以达到和巨鳖龟一样的体形。尽管与巨鳖龟生活在同一时期，但卷角龟主要分布在澳大利亚和一些太平洋岛屿上。卷角龟的与众不同之处在于，它们的头部和尾部都不能完全缩进壳里被保护起来，因此头尾两端都有厚厚的盔甲，甚至还有大角。这些卷角龟在遥远的新喀里多尼亚太平洋群岛上生活，一直到最近的3000年前。科学家发现的化石遗骨表明，人类居住在这些岛屿的最初几年，狩猎活动很可能导致了卷角龟的灭绝。

^ 古巨龟（*Archelon sp.*）
体长：5 米。
古巨龟属物种是生活在 8000 万年前的巨型海龟。现存的与古巨龟亲缘关系最近的是棱皮龟。古巨龟与棱皮龟拥有相似的外壳，这种外壳主要由加厚的皮而不是骨头组成。

大约8000万年前，古巨龟属的巨型海龟生活在海洋中，据估计，它们完全长成后的体重至少2200千克。古巨龟比现存棱皮龟有更结实的嘴部结构，咬力似乎也非常强劲。因此，比起棱皮龟吃的水母，古巨龟吃的食物可能更松脆一些，也许会猎食像鱿鱼类游动的软体动物。

还有一种更大的淡水龟，叫作地纹骇龟，大约生活在600万年前或500万年前南美洲水流缓慢的河流和沼泽地带。通过龟壳的大概质量，并估算其四肢大小和可用来移动四肢的肌肉情况，可以判断出这种龟的游泳能力似乎相对较弱。地纹骇龟庞大且扁平的体形可能是为了适应水流，使其在河床上驻留觅食。地纹骇龟庞大的体形还能让它们在水下停留更长时间。

在大灭绝事件中幸存下来

正如我们在第四章中看到的，在恐龙统治陆地的时候，海洋和淡水中有很多不同种类的爬行动物。但在6600万年前，一颗小行星撞击地球时，几乎所有爬行动物都灭绝了。然而，水生爬行动物的两个谱系确实在大灭绝事件中存活了下来，至今仍然存在，它们就是龟类和鳄鱼。那么，为什么它们能够幸存下来，而其他物种却不行呢？

我的猜测是，大多数龟类和鳄鱼生活在淡水河中而不是海中，这不是巧合。受白垩纪—古近纪灭绝事件影响最小的生态系统类型是河流栖息地。河流物种仍然受到这场灾难的严重影响，导致很多物种灭绝，但没有其他类型的栖息地灭绝的物种那么多。这可能是因为河流系统中一种重要的食物是残渣，其中包括被其他生物体丢弃的物质、沉入河底的生物尸体以及掉落或被风吹入河中的枯死植物。这些物质需要数年时间才能分解，残渣在河床上堆积成厚厚的一层，为河流中的小型生物提供重要的食物来源。

当小行星撞击地球时，巨大的尘埃云覆盖了地球，从而无法进行光合作用，依靠光合作用生存的动植物都被杀死了。然而，生活在淡水生态系统中的动物可以通过残渣层获得食物供应的缓冲，在大气层净化、地球植被缓慢恢复的过程中，这种缓冲有助于这些动物及其捕食者存活下来。我猜想，一些鳄鱼和龟类就是以这种方式在河流系统中生存下来的，然后从这些主要栖息地重新涌入海洋中。

惊人的湾鳄

现存最大的三种爬行动物都是鳄鱼类：湾鳄（*Crocodylus porosus*）、尼罗鳄（*C. niloticus*）和奥利诺科鳄（*C. intermedius*）。它们的体形都大到足以吃人。我们将首先关注湾鳄，湾鳄是三种鳄鱼中最大的一种。湾鳄体形庞大，有很强的领地意识，因此，对于不提防的游泳者甚至是船上的人来说，它们都是真正的威胁。

湾鳄的数据

湾鳄是现存最大的爬行动物，雄性湾鳄的体长纪录超过6.1米，体重达1200千克。湾鳄也是分布最广的鳄鱼物种，从印度到东南亚大部分地区再到澳大利亚北部海岸。从湾鳄的另一个名称“咸水鳄”可知，湾鳄生活在咸水中，不过该物种似乎只有在穿越长途距离时才会到开阔的水域，一般都生活在河流三角洲和河口。湾鳄是所有鳄鱼中最常栖息于水中的物种。许多其他种类的鳄鱼一天中大部分时间都在河岸上打瞌睡，甚至会离水觅食，但湾鳄可以连续几周不上岸。除了这些惊人的统计数据，湾鳄还被认为是咬合力最强的动物。雄性湾鳄具有极强的领地意识，经常攻击任何敢于进入自己河段的东西。湾鳄无端攻击船只甚至攻击顺流而下的树干，这样的报道屡见不鲜。这种攻击性，再加上这些爬行动物巨大的体形和力量，意味着它们对人类是很危险的。由于需要争夺领地，雄性湾鳄通常比雌性大很多。

^ 湾鳄（*Crocodylus porosus*）
体长：6.1米。
尽管在适应咸水环境方面显得与众不同，但湾鳄是一种典型的鳄鱼，大部分时间都行动比较迟缓。然而，如果有机会伏击猎物，那么湾鳄可以使出力气让巨大的身躯瞬间冲出水面。

^ 体形巨大的湾鳄。

咬力

湾鳄拥有所有动物中最大的咬力。在一项实验室研究中，一条5.2米长的湾鳄经测量得出的咬力超过1.6万牛顿。更准确地说，如果你脸朝下趴着，我站在你的背上，那么我的身体会向你施加800牛顿的力。所以，这只湾鳄的咬力相当于20个成年男子站在你背上。湾鳄折断你身上任何一根骨头，就像折断一根树枝那样简单。进行原始测量的科学家，用杠杆物理学估算一条6.1米长的湾鳄能产生多大的力，得出的数字是3.4万牛顿，相当于42个成年男子受到的重力。他进一步计算了一下，推算出一条12米长的鳄鱼（比如已灭绝

^ 湾鳄头部两侧的隆起部位有肌肉，这些肌肉是它们产生惊人咬力的关键所在。

^“布鲁图斯”是一只特别巨大的湾鳄，它生活在澳大利亚北领地阿德莱德河及其附近区域。由于前肢缺失，它非常容易辨认。

的帝鳄物种）的咬力为10.3万牛顿，或者说相当于130个成年男子受到的重力，估计是霸王龙咬力的2倍。

鳄鱼之所以能产生这么大的咬力，是因为它们拥有特别巨大的下颌肌肉。在头部侧面可以看到隆起的肌肉，这些肌肉是鳄鱼产生惊人咬力的关键。此外，它们几乎将所有的肌肉力量都用于闭合下颌，而很少用于张开下颌。因此，如果你不幸要与鳄鱼进行搏斗，鳄鱼的下颌又是闭合着，那么请记住，你可能有足够的力量能让它的下颌保持闭合。

创纪录者

1979年，人们在巴布亚新几内亚的一张渔网中发现了一条被淹死的湾鳄，并将其剥皮处理。经测量，它干燥的皮长6.2米，由于干燥的过程会让皮肤收缩，而且它的尾巴尖端也缺失了，因此活体湾鳄应该更长。位于澳大利亚昆士兰州的海洋鳄鱼公园里有一条叫作卡修斯(Cassius)的鳄鱼，它被普遍认为是现存圈养最大的湾鳄。卡修斯在1984年被捕获时的测量长度为5.28米，在撰写本书时估计体长为5.48米，体重为1000千克。这只是估计的数字，在鳄鱼有意识的时候是无法对其进行测量的，而且给它服用镇静剂可能会危害它的健康。

一条名叫戈麦克(Gomek)的湾鳄于1997年在佛罗里达州的一家动物园去世，测量它的长度为5.42米，体重860千克，但它被另一条叫作洛龙(Lolong)的湾鳄超越。2011年，在菲律宾的一个公园内，人们为洛龙注射了镇静剂并进行了测量。洛龙的体长达到了惊人的6.17米，体重为1075千克。两年后它去世时的体长可能还更长一些。据估计，洛龙的年龄为50岁，但另一条于1995年死于俄罗斯动物园的湾鳄被认为至少有80岁，有充分的证据证明它来到动物园时是1913年或1915年。而卡修斯的所有者则认为它有115岁。

由于猎人的目标战利品是大体形的动物，因此，在20世纪50年代~20世纪60年代，澳大利亚北部的湾鳄数量因狩猎活动而减少了95%。人们一直担心湾鳄被赋予的大体形基因可能已经从该种群中消失，也许不会再出现巨型湾鳄了。不过，我认为这不太可能，主要有两个原因。首先，湾鳄偶尔确实会进行长距离迁徙，从而更新澳大利亚北部地区的基因库。其次，更重要的是，鳄鱼一生都在生长，所以体形变大与其说是基因的问题，不如说是能否活得更久的问题。随着狩猎活动的减少以及对于鳄鱼皮手袋和皮鞋喜好的降温，我们有望在将来的某个时候看到体形更大的湾鳄。

可预测的掠食者

澳大利亚北部的河流、三角洲和沼泽地中至少有10万条成年湾鳄，最多可以达到这个数字的2倍，但每年仅有极少人因湾鳄而死亡。这种情况有很多原因。首先，居住在这些地区的人类并不多，那些住在这里的人一般不会以需要涉水穿过沼泽的方式谋生。当地人知道哪些水塘要避开，而且有大量标识警告

^ 洛龙体长 6.17 米，体重 1075 千克，是最大的湾鳄之一。洛龙被圈养在菲律宾动物园，于 2013 年去世。

旅客注意危险。其次，鳄鱼有很强的领地意识，也就是说，与过着游牧生活的大型鲨鱼相比，更容易预测湾鳄可能会在哪里出现（或者不在哪里出现）。再次，虽然湾鳄可以长到很大的体形（活得足够长久的话），但是它们的平均体形是相对较小的。因此对人类的任何攻击都不太可能致命。最后，鳄鱼并不是贪吃的动物。鳄鱼新陈代谢很慢，生活方式也非常放松，大部分时间都在领地内巡游。因此，攻击的目的往往是驱赶入侵者，而不是把入侵者吃掉。即使是条大鳄鱼，也很可能给你一个它们认为是小小警告的轻咬就收手。尽管如此，蓄意将人类作为猎食目标的情况还是有的。

虽然湾鳄造成的人类死亡在澳大利亚并不常见（每年约两起），但在该物种分布的其他区域，其带来的风险很难量化。在人口众多的地方，人们必须利用河流三角洲来获取食物和开展工作，这里缺少基础设施，政府部门又距此十分遥远。因此，因湾鳄导致的人类死亡往往没有被报道。

为此，在东南亚偏远地区下水之前，尤其在夜间下水之前，一定要和当地人了解湾鳄的情况，它们大部分捕猎活动都是在夜间进行的。令人感到安慰的是，湾鳄极不可能是完全以人类为猎食目标。原因很简单，鳄鱼这类爬行动物几乎没有不吃的东西。更令人欣慰的是，它们通常在水里，很少攻击陆地上的人类或其他任何东西。所以，即使湾鳄就在距离较近的河里，你也可以睡在吊床上，这里相对安全，不用担心受到湾鳄的伤害。

‹ 一具 8.6 米长的澳大利亚已知最大湾鳄的等身模型，这只湾鳄于 1957 年被射杀。

可怕的淡水鳄鱼

尼罗鳄通常被认为是第二大鳄鱼，仅次于湾鳄。但实际上两者之间的差距并不大。据测量，最大的尼罗鳄体长超过 6.4 米，体重 1090 千克。该物种广泛分布于非洲南部、东部和中部水域，比起它们的近亲湾鳄，尼罗鳄造成的人类死亡要多得多。南非也有一种巨型淡水鳄鱼，但它们的前途未卜。

最致命的鳄鱼

与湾鳄不同，尼罗鳄是群居动物，它们大部分时间都不在水中，而是在岸上打瞌睡和晒太阳。尼罗鳄可以成群结队地聚集在一起，因为群体内部有明确的等级秩序，当有机会觅食时，体形较小的尼罗鳄一般会不声不响地听从体形较大的。

尼罗鳄的新陈代谢缓慢，这意味着它们不必一直寻找食物。因此，在同一区域内，并非所有的尼罗鳄都会在任何时候捕食。此外，尼罗鳄的胃相对较小，因此，每次捕杀并进食后通常都会有剩余。

尼罗鳄造成的人类死亡数比任何其他类鳄鱼都多，这是有很多原因的。第一，尼罗鳄的数量至少有25万，甚至可能是这个数字的2倍。第二，尼罗鳄生活在各种

‹ 尼罗鳄（*Crocodylus niloticus*）
体长：6.1 米。
非洲的尼罗鳄可以长到超过 1000 千克。体形最大的尼罗鳄会离开水域觅食，哪怕周围有狮子也毫不畏惧。

^ 尼罗鳄没有特别可怕的牙齿。然而，它们的体形、力量和强大的咬力让它们成为高效的杀手。

水体中，并且广泛分布于索马里、埃塞俄比亚、肯尼亚、赞比亚、坦桑尼亚和津巴布韦。第三，尼罗鳄生活在世界上人口众多的地区，那里的居民与尼罗鳄共享同一片水域，并且依靠这片水域获取饮用水、清洁用水、运输和采集食物。第四，尼罗鳄比湾鳄更愿意上岸，它们会从河边的灌木丛中扑向猎物，就像从水里跃出水面那样容易。第五，因为湾鳄具有很强的领地意识，所以更可能为了驱赶人类而发动攻击，而尼罗鳄则更有可能为了食物而攻击人类。因此，尼罗鳄对人类发出致命性攻击的比例较高。

尼罗鳄是非常强大的捕食者。虽然它们不会攻击成年大象、犀牛，或河马，但已经为人所知的是，尼罗鳄会攻击成年长颈鹿，甚至会捕食健康的、在不合适的时间和不合适的河段饮水的成年狮子。如果狮子或鬣狗在河边或湖边捕杀了猎物，那么尼罗鳄往往会靠近，意图夺走猎物，这种情况并不罕见。

极度濒危物种

现存第三大的鳄鱼是奥里诺科鳄，这是一种极度濒危的物种，它们主要生活在哥伦比亚和委内瑞拉的奥里诺科河及其支流。据报道，雄性奥里诺科鳄的体长超过6.1米，但因为人们为了获取鳄鱼皮，该物种已被大量捕杀，所以现在不太可能有这么大的鳄鱼。从理论上来说，奥里诺科鳄现在是受到保护的，但实际上，有关国家没有足够的资源在其分布的偏远地区（通常也是难以进入的地区）实施禁猎。因此，奥里诺科鳄的前景并不乐观。

^ 奥里诺科鳄（*Crocodylus intermedius*）
体长：6.1 米。
南美洲的奥里诺科鳄有时体长可超过 6.1 米。除了来自人类的压力，它们还面临着眼镜凯门鳄（*Caiman crocodilus*）的竞争。

危险的河流

^ 一条尼罗鳄正在捕食角马。

在自然类电视节目中，尼罗鳄捕食斑马和角马的场景令人毛骨悚然。在肯尼亚马赛马拉国家保护区内，斑马和角马每年都要穿越马拉河进行迁徙。这是一条宽阔的河流，水流湍急，河岸通常很陡峭。因此，电视摄制组和鳄鱼都知道有蹄类动物必须穿越河流的时间和地点，并聚集于此。你可以感觉到，潜在的猎物知道鳄鱼就在那里，但它们也知道自己必须过河，随着越来越多的鳄鱼来到河边，这种压力也越来越大。终于，有些斑马决定冒险渡河。这时，水中的鳄鱼沸腾了，350千克的斑马被拉到水下，并保持足够长的时间使其淹死。然后，盛宴开始。一匹斑马甚至能让最大的鳄鱼吃上好几个小时。虽然有些动物丧生，但大部分的食草动物都能完好无损地过河，并前往对岸肥沃的草原。

远古鳄鱼

鳄鱼已经存在了非常长的时间，它们曾与恐龙共同生活，并以某种方式挺过那场毁灭了巨型爬行动物的全球性灾难。然而，在灭绝事件之后，哺乳动物的种类多样化起来，特别是开始承担起需要更大体形的角色，这反过来使鳄鱼被边缘化，只能担任水中伏击者的角色。一些化石遗迹表明，鳄鱼的祖先过着更加多样和活跃的生活。

体形估算

在恐龙时代，存在几种非常像鳄鱼的巨兽。这些巨兽被认为与现存鳄鱼和短吻鳄有很近的亲缘关系，但不是它们的直系祖先。普鲁斯鳄属（*Purussaurus*）、马奇莫鳄属（*Machimosaurus*）、帝鳄属（*Sarcosuchus*）、恐鳄属（*Deinosuchus*）中似乎都有巨型物种，其体重可达到惊人的9吨，体长10~12米，或相当于现存最大鳄鱼的2倍长。

现存的鳄鱼在形态和行为上都非常相似，其祖先在解剖学上也与现存鳄鱼类似。因此，根据我们对现存物种的了解，对这些已经灭绝的巨人进行推断似乎是可靠的。

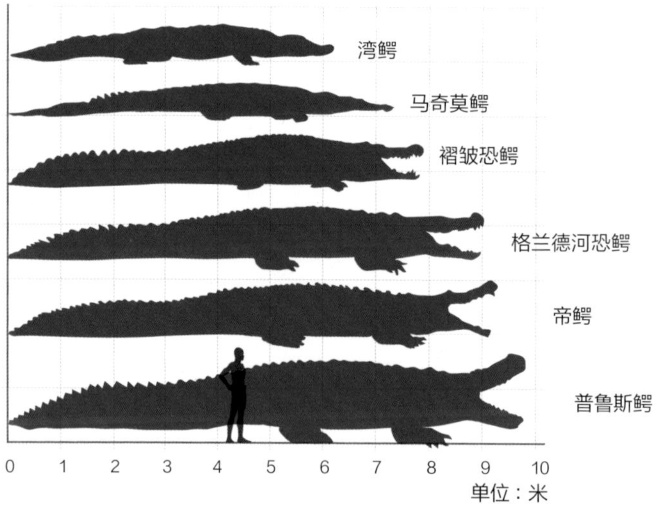

‹ 几种鳄鱼体形对比。

^ 帝鳄（*Sarcosuchus sp.*）
体重：8 吨。
帝鳄是现存鳄鱼的远亲。与现存的许多大型鳄鱼一样，帝鳄可能也会捕食到河边饮水或过河迁徙的大型动物。帝鳄的体形巨大，它们能够将大型猎物拖入水中并将其压在水里。

对于那些我们只有部分化石残骸的物种，我们可以根据现存鳄鱼的身体比例来估算其身体的完整尺寸。估算的数值表明，它们确实是庞然大物。科学文献中关于远古鳄鱼是不是恐龙的捕食者一直存在争议，这一估算结果对于解决此争议具有重要意义。一些发现的恐龙骨骼上有与这些鳄鱼完全相符的齿痕，这表明情况确实如此。但也有可能鳄鱼只是在恐龙尸体上觅食，而并没有杀死恐龙。

现存最大的鳄鱼是顶级捕食者。它们愿意并且有能力捕食大型猎物，这些猎物相当于鳄鱼体重的三分之一。

这表明，一些体形最大的恐龙（比如蜥脚类恐龙）的成年个体可能不会受到远古鳄鱼的攻击，但任何体重在3吨以下的恐龙可能也可以被古代鳄鱼吃掉。和霸王龙同一时间生活在北美洲的还有恐鳄，不难想象，霸王龙与恐鳄之间的关系正如现存的尼罗鳄与非洲狮的关系。

更广的生态位

鳄鱼离水很近，许多现存鳄鱼的所有进食活动都在水中进行。我们可以看到，它们的身体已经进化成非常善于游泳的样子，尽管那意味着它们行走起来会更加笨拙。这通常是由于那些需要在陆地上大范围巡逻或追捕猎物的捕食生态位已被哺乳动物占据。相应的，鳄鱼填补了水生伏击者的空白，而这一角色不太适合哺乳动物。

在恐龙时代也有一些哺乳动物，但它们大多局限于需要小体形和夜间活动的生态位（今天的很多哺乳动物也是如此，比如啮齿类动物）。这为鳄鱼提供了更多种类的捕食生活方式。

当我们观察早期鳄鱼的化石时，我们可以看到，并非所有鳄鱼都有长而有力的尾巴和非常短的腿，就像现存鳄鱼的身体特征一样。虽然肯定有一些鳄鱼具有这样的身体结构，但其他鳄鱼的腿更长，尾巴也没有那么结实。这表明它们有更多时间是离开水生活的，很可能在陆地上追捕猎物，从而更有可能以恐龙（尤其是幼龙）为目标。

从现存的鳄鱼身上，我们可以看到早期鳄鱼更加陆地化、更活跃的痕迹。当鳄鱼缓慢行走时，它们通常采用一种四肢摊开的步态，每次落下一只脚时都要扭动它们的躯干。然而，当它们想要移动得快一点时，有些鳄鱼能站起来，伸直双腿，直接用身体下方的后肢行走，这样它们就会更加敏捷。虽然哺乳动物拥有复杂的四腔心脏，可以在剧烈运动时为肌肉提供大量氧气，但大多数的爬行动物有更简化的三腔心脏，足以满足它们更为有限的氧气需求。然而，鳄鱼是个明显的例外，尽管它们常常过着久坐不动的生活，却拥有四腔心脏。看来，四腔心脏和直立行走的能力，这些特征可能是从它们更活跃的祖先那里继承下来的遗物。

神奇的两栖动物

提到两栖动物，我们通常会想到青蛙和蟾蜍。虽然它们大多都体形较小，但实际上也有一些体形惊人的物种。不过，两栖动物还包括外形酷似蛇的蚓螈和现存最大的两栖动物蝾螈。

〈 歌利亚蛙（*Conraua goliath*）
体重：6 千克。
歌利亚蛙后腿上有大块的肌肉，这让它们在非洲分布的大部分地区成为人类重要的食物来源。

青蛙中的巨人

歌利亚蛙（*Conraua goliath*）产于喀麦隆和新几内亚，是世界上现存最大的青蛙。有些歌利亚蛙的体长超过30厘米，体重超过3千克。

科学家通常将动物主体的大小定义为鼻尖到后孔（吻和肛门）之间的距离，以避免因长尾巴、角和胡须等特征而夸大数值。在生态学上，歌利亚蛙是一种非常典型的青蛙，生活在河流中或河流附近，食物非常多样化。随着歌利亚蛙分布范围内的人类数量增加，它们正面临着越来越大的威胁。它们的大体形足以成为一道诱人的美餐，而且它们通常比大多数同样体形的其他动物更容易捕捉。无论是在动物园，还是作为外来宠物，歌利亚蛙都很受欢迎。但由于它们似乎不能人工繁殖，捉取野生青蛙用于活体动物出口，会对歌利亚蛙的种群数量带来更大压力，因此应将该物种列为优先保护对象。

另一种令人惊叹的非洲物种

非洲牛蛙（*Pyxicephalus adspersus*）是另一种体形惊人的两栖动物，体重通常超过2千克。非洲牛蛙比歌利亚蛙更常见，广泛分布于安哥拉、肯尼亚、马拉维、莫桑比克、纳米比亚、南非、斯威士兰、坦桑尼亚、赞比亚和津巴布韦。与歌利亚蛙不同的是，非洲牛蛙不是那么亲近河流，通常在大雨后留下的临时水池中产卵。如果你真的看到了非洲牛蛙，那么请注意不要靠得太近。非洲牛蛙是贪婪的食肉动物，也是极少数长了牙齿的青蛙物种之一。

巨型蝾螈

中国大鲵（*Andrias davidianus*）是现存最大的两栖动物，体长可达1.8米，体重接近60千克。虽然在学术上被归类为两栖动物，但中国大鲵从未主动来到陆地上，而是长期生活在中国水流湍急的岩石山涧和湖泊中。

^ 非洲牛蛙（*Pyxicephalus adspersus*）
体重：2 千克。
像大多数青蛙一样，非洲牛蛙会吃掉能捕捉和吞下的任何东西，因此没有一种昆虫能逃过最大的非洲牛蛙。

在过去的五十年里，野生动物的数量急剧下降，而且仍在继续下降。这明显是经济原因，人们认为这些动物是奢侈食品，在餐厅里每千克的售价可轻易达到300~400美元。近年来，随着经济的发展和人民收入的增加，这种经济上的激励促使了该物种的养殖。但到目前为止，这种养殖似乎对野生种群产生了负面影响。该行业在人工繁殖方面遇到了困难，人们不断地从野外补充种群。中国大鲵的体形庞大，非常容易被捕获。要保护该物种非常困难，狩猎的数量大及其分布的地方在偏远的农村地区。快速的工业化进程导致栖息地被破坏，这是物种保护的另一个重大威胁。

> 中国大鲵（*Andrias davidianus*）
体长：1.8 米。
虽然在学术上属于两栖动物，但中国大鲵离开水的情况是极为罕见的，水能支撑其庞大的体形。

青蛙或蟾蜍？

青蛙与蟾蜍同属无尾目，两者在科学上并无区别，不同的通用名只是由于英语语言的变幻莫测而产生的。相比蟾蜍与青蛙的亲缘关系来说，蟾蜍同类之间的亲缘关系并不一定更近，因此命名是非常随意的。然而，一般来说，如果一种两栖动物体形较大、皮肤有疣、颜色不鲜艳、后腿相对较短而步行多于跳跃，并且生活在较干燥的环境中，那么这种动物更有可能被称为蟾蜍。

与时俱进

从 3.7 亿年前到 2.4 亿年前恐龙时代的开端，陆地上几乎所有脊椎动物都是各种两栖动物和爬行动物的一种动态平衡。没有一种动物长到像恐龙那么大，但有几种还是值得探究的。

‹ 魔鬼蛙（*Beelzebufo ampinga*）
体长：25 厘米。
就青蛙而言，魔鬼蛙的体形相当大，身体几乎有人类头部那么大。魔鬼蛙的体形大到足以吞下一些刚孵化的恐龙。

恶魔的后代

青蛙和蟾蜍自恐龙时代就已经存在了。2008年，人们在距今7000万年前的岩石中发现了一个特别大的标本。由于它的学名叫作魔鬼蛙，媒体对这一发现的报道特别引人注目。它被媒体戏称为魔鬼青蛙、魔鬼蟾蜍，或者干脆就是来自地狱的青蛙，艺术家们还描绘了魔鬼蛙咀嚼恐龙的场景。由此看来，你会以为魔鬼蛙真的很可怕，但事实上，魔鬼蛙的体长估计只有23厘米。虽然这对于青蛙来说很大，但与我们今天看到的最大的青蛙物种体形差不多。很可能是青蛙的身体构造对其弯曲的后腿造成了很大的压力，从而限制了体形。在陆地上，随着动物体形的变大，一般的趋势是它们的腿会伸直并置于身体的下方，这也称为重力支撑站姿。

^ 弹涂鱼有 32 种，属于虾虎鱼科。弹涂鱼能够呼吸空气、用胸鳍行走，这让它们能离开水捕食昆虫。

两栖动物的崛起

地球上的生命已经存在了40多亿年，但在大部分时间里，生命都局限于海洋，陆地基本上是一片荒芜的。4.3亿年前，一些植物开始在水边的陆地上出现，因此无脊椎动物不可避免地开始利用这种植物的扩散。3.5亿年前的石炭纪早期，丰富的植物遍布了大部分陆地，它们通常是以温暖、潮湿的雨林形式存在。陆地上也出现了大量无脊椎动物。脊椎动物开始浮出水面，以利用这些无脊椎动物作为食物来源，此时它们都是两栖动物。

直到最近，科学家还认为弹涂鱼是脊椎动物从水中出现以及一些鱼类转变为两栖动物的一个很好的类比。也就是说，他们认为，一些鱼类进化出能够离开水生存一段时间的能力，其动力在于鱼类栖息的水池会周期性地变得太小或完全干涸，这就需要鱼类穿过陆地寻找新的水池。然而，已经发现了太多早期会走路的鱼类的脚印化石，这些鱼类脚印是在水下留下的，因此这种说法不是完全成立。

当时，海洋中广泛分布着大型掠食性鱼类，有些被捕食的鱼类为了应对这一压力，长出了厚厚的铠甲作为保护。然而，这种铠甲会在游泳时耗费大量能量。因此，有些有铠甲的鱼类似乎能在海底行走，至少在某些时候用行走代替游泳。行走可能比游泳慢得多，但如果不需要在游泳上投入那么多能量，那么就不需要寻找那么多食物来平衡消耗的能量。

这种平衡对有些鱼类来说似乎是可行的，它们逐渐调整自身的鳍，从而让行走速度更快且更节能。这些鱼类将身体前部的一对鳍和后部的一对鳍调整为行走的四肢，许多陆地上的脊椎动物都是从这些鱼进化而来的。

这就是为什么现存陆生脊椎动物都有四肢，并分为两对，一对靠近头部，另一对位于身体的后端。那些因进化而失去四肢的物种则例外，比如蛇。有些会行走的鱼进化出在水边获取无脊椎动物作为猎物的能力。随着它们呼吸空气和在陆地上支撑自己身体的能力增强，它们变成了两栖动物。

^ 蛙鱼（属于躄鱼科）通常能自如地运用鳍来帮助它们在海底行走。

从两栖动物到爬行动物的转变

在数千万年的时间里，两栖动物是唯一的陆生脊椎动物。两栖动物频繁往返于水陆之间进行觅食，它们在陆地上捕食昆虫和其他节肢动物，然后重返水中捕食鱼类和水生节肢动物。这是巨型昆虫的时代，因此有些两栖动物体形变得更大可能是为了捕捉大型猎物。实际上，有些两栖动物长到了非常大的体形。其中一种是强壮的食鱼动物，体长为2~3米。如今这种动物的生态位已经被印度恒河鳄（*Gavialis gangeticus*）等鳄鱼填补。

虽然人们认为石炭纪时陆地上主要是温暖潮湿的雨林，但并非所有陆地都是如此，正如我们今天所看到的变化一样。在降雨量稀少的区域，两栖动物会很难存活。与爬行动物和鸟类的卵相比，两栖动物的卵更像是鱼卵。重要的是，两栖动物的卵没有不透水的外壳。因此，除非两栖动物在水中或非常潮湿的基质中产卵，否则它们的卵很快就会干涸，里面的幼体就会死亡。此外，两栖动物可以通过皮肤吸收氧气，也可以用肺部呼吸。当它们在水下时，这种呼吸方式就特别方便，可以减少必须浮出水面呼吸的频率。然而，这种适应了通过扩散吸收氧气的皮肤必须保持湿润（就像我们需要保持肺部湿润一样），而不能有厚厚的保护层。这意味着成年两栖动物在温暖干燥的环境中也很难生存，它们会通过皮肤失去水分。

^ 爬行动物的卵（像这些乌龟卵）外壳坚硬，因此它们在选择产卵地时比两栖动物更自由。

两栖动物可以在温暖的气候中旺盛生长，但前提是附近有水源。大体形对两栖动物的生存有一点帮助，表面积相对于体内储水量来说能够有所减少，但即使是大型两栖动物也无法在世界的某些地区生存。因此，有些石炭纪两栖动物开始进化出更像爬行动物的特性，它们的卵长出了壳，皮肤也变得厚实且不透水。

爬行动物的崛起

在石炭纪末期的时候，发生了一次被称为“石炭纪雨林崩溃”的事件，地球上的大片绿地被更干旱的栖息地和广袤的沙漠所取代。在随后的二叠纪时期（距今2.98亿~2.51亿年），这些条件导致爬行类脊椎动物超过两栖动物，占据了主导地位。当时仍存在一些潮湿的环境，如陆地的边缘，因此两栖动物没有完全消失。毕竟，它们现在仍与我们同在。但是这一时期有着多种多样的爬行动物。其中有些物

∨ 安蒂欧兽（*Anteosaurus sp.*）
体长：6.1 米。
接近二叠纪末期，一个爬行动物谱系进化出了更多类似哺乳动物的特性。这里，一只掠食性安蒂欧兽正要攻击一只食草性麝足兽。在恐龙时代就有真正的哺乳动物，但恐龙一般比哺乳动物更强。因此，直到恐龙灭绝，哺乳动物一直是稀少、体形小且在夜间活动的。

种变得非常大，它们有更多样化的觅食生态位可以选择。有些物种转为食草性，有些转为食肉性，捕食其他脊椎动物。体形较大的动物更容易消化植物，而大型食肉动物可以应付较大的猎物。这个爬行动物的伟大时代持续到二叠纪末期，一场突如其来的大灭绝事件杀死了70%的陆地生物。

安蒂欧兽属（*Anteosaurus*）的成员是已知的二叠纪最大的食肉动物之一。据估计，它们长达6.1米，体重为600千克。狼蜥兽物种是食肉动物，有着线条流畅的外形，其体长3.5米，接近现存犀牛的大小，但狼蜥兽长着巨大的剑齿。锯齿龙是一群大型爬行类食草动物，最大的锯齿龙长达3米，体重达600千克。

因此，虽然石炭纪有大型两栖动物，二叠纪有大型爬行动物，但比起后来出现的真正巨型恐龙，以及在恐龙之后出现的大型哺乳动物，任何动物的体形都无法与之媲美。然而，考虑到体形较大的物种种群密度较低，这些早期时代真正的巨兽可能仍有待发现。

﹀ 狼蜥兽（*Inostrancevia sp.*）
体长：3.5 米。
在恐龙出现之前的 5000 万年里，陆地上最大的动物是爬行动物。其中包括这种掠食性的狼蜥兽，其身形修长，长着可怕的剑齿犬牙。

第九章　绿色巨人

本章不仅涉及植物，还涉及所有初级生产者，包括陆生和水生植物，以及海洋中的海藻和浮游植物。它们之所以成为初级生产者，是因为它们能进行光合作用。它们捕获阳光能量并用这些能量来生产碳水化合物，从而为自身的生长和繁殖提供养料。

动物无法做到这一点，它们获取能量是通过吃植物、吃以植物为食的动物或以食草动物为食的动物，以此类推。

因此，初级生产者是几乎所有食物链的根基。没有初级生产者，可以说地球上就没有生命。

树中之最

地球上最大的生物是什么？大多数人可能会说是蓝鲸。正如我们在第四章中看到的，蓝鲸体形庞大，但它们远没有最大的树木那么大。这在某种程度上是个很好的消息，虽然很难看到蓝鲸，但有些世界上最大的树（比如加利福尼亚州的海岸红杉，*Sequoia sempervirens*）却在各个公园里展出。设计这些公园的目的就是让游客好好观赏这些大树，并抓住机会留下难忘的照片。

现存最高的树

正如你所想象的，不同公园之间会为了争夺最大的海岸红杉而展开竞争。事实上，为了防止观光者破坏当地的生态系统，这棵名为亥伯龙神的最高树的

∨ 海岸红杉（*Sequoia sempervirens*）
高度：最高可达 115 米。
这是来自加利福尼亚红木国家公园的一片非常高大的海岸红杉。关于最高的那棵树——亥伯龙神——的照片非常少，以保密其确切位置。

确切位置是保密的，尽管它就在加利福尼亚北部的某个地方。亥伯龙神高115米，大约是一栋典型的30层高楼的高度。相比之下，自由女神像的火炬距离地面仅有90米。亥伯龙神可能是目前的纪录保持者，但它并不是个例。有数百棵海岸红杉的高度超过了90米，至少有30种树的高度超过80米。历史记载中可能有高于115米的树，但没有可靠的证据表明有任何树木（甚至是化石记录）的高度超过120米。

现存最大的树

如上所述，有一些非常巨大的树木很容易参观和欣赏。其中一棵是巨杉（*Sequoiadendron giganteum*）——谢尔曼将军，它生长在加利福尼亚州图莱里县红杉国家公园的巨树森林中。谢尔曼将军可能只有84米高，但它的树干比亥伯龙神粗得多。谢尔曼将军的树干底部周长超过31米，是已知体积最大的树木。据估计，谢尔曼将军的树干的体积约为1500立方米，重约为1100吨。为了让你了解巨杉的树干有多粗，优胜美地国家公园曾经有另一棵巨杉叫作瓦沃纳，公园管理者在这棵树的底部开凿了一条足以容纳一辆汽车的行车隧道。

该隧道于1881年开凿，马车以及后来的汽车在这棵依然茂盛的树下穿行，

^ 巨杉（*Sequoiadendron giganteum*）
质量：约 1100 吨。
这棵是谢尔曼将军，也生长在红杉国家公园内。它被认为是世界上最大的树，不是指高度，而是指体积和质量。

直到它1969年倒塌。瓦沃纳在一场大雪的重压下倒塌，虽然目前尚不确定开凿的隧道是否导致了树木的倒塌，但公园管理者不太可能再重建这样一个旅游景点。毕竟，瓦沃纳在其长达2300年的寿命中经受了大量的积雪重压。以现在的价值观来看，通过对这样一棵古老的树木动斧头来增加游客数量，从而增加收入，是不太妥当的做法。

化石记录表明，巨杉（又称巨型红杉）曾有更广泛的地理分布范围，现在则分布于北美洲的太平洋沿岸。引入欧洲、新西兰和澳大利亚温带地区的样本一般都生长得很茂盛。例如，苏格兰本莫尔植物园有一条巨杉形成的大道。这些巨杉种植于1863年，现在其中一些树木将近50米高。在法国巴黎也有许多令人印象深刻的巨杉。而且，法国还拥有欧洲最高的巨杉，它于1865年被种植在里博维莱小镇，现高80米。

‹ 自1881年起，瓦沃纳一直是优胜美地国家公园的旅游景点，人们有机会步行穿过（或者甚至驾车穿过）这棵巨杉，直到它在1969年倒塌死亡。

经受大自然的考验

植物需要阳光来促进新陈代谢和生长，被邻近的植物遮挡则是个大问题。最明显的解决方式是长得更高以防被遮挡，但这样做就会反过来遮住邻近的树。由此不难看出，这种对光照的竞争是如何导致一些非常高大的植物进化的。但向上生长是要付出代价的。树干本质上是一种支撑结构，它将聚集能量的树叶从其他植物的树荫下抬升起来。除此之外，树干没有其他的好处，而且成本很高。这就是为什么并非所有树都长成参天巨木的原因。

一个重大的问题

限制树木大小最明显的因素是支撑额外质量所需的强度。事实证明，有2300年树龄的瓦沃纳之所以倒塌，是因为树叶上的大量积雪让它承受了额外的压力。

小时候，你可能尝试过用积木建高塔，但无论你多么小心，高塔最终还是会倒塌。其问题在于，如果高塔稍有错位，那么它的重心就不在底座的正上方。这就产

∨ 树木通常具有强烈的宗教和精神象征意义。这是一棵神圣的菩提树（*Ficus religiosa*），很多人愿意在菩提树下冥想。

生了让塔向倾斜方向弯曲的趋势，这种倾斜又进而加剧了弯曲的趋势，直到塔最终倒塌。弯曲的趋势会随着塔的高度而增加，对一棵树来说，你可以想象为这种趋势会迫使过高的树干在某处发生弯曲和断裂。

在这种情况下，除非树木足够坚硬，能够抵抗弯曲力，否则树木就会被自身压垮。树木越大，需要抵抗的弯曲力就越大。

通过计算，科学家估算出一棵树要长到多大，弯曲和断裂的趋势才会成为问题。根据对树木确切形状做出的假设，弯曲力似乎并不是最终限制树木高度的因素。计算表明，树木要长到200~400米高，这个因素才会成为严重的问题。因此，显然存在其他因素限制了树木高度。

随风弯曲

你可能会认为风是限制树木大小的一个因素。风从侧面推动树木，这种力量必须由树和将树根固定在地上的土壤来抵挡。然而，从第一章中关于杠杆和力臂的讨论中可以看出，很明显，风施加的力量主要在树的顶部，也就是树叶所在的地方，而被固定住的树的根部必须抵抗住风力。对于高大的树木来说，风的主要作用力距离树的根部很远，这将对树根产生强大的转动力矩。

∨ 风对树木的影响是巨大的。在加州南部的松山上，强风几乎总是来自同一个方向，导致这棵树以一个奇特的角度生长，从而能够最大限度地减少风力对它的影响。

然而，被强风连根拔起或折断的风险似乎并不是限制树木高度的因素。部分原因在于，树木长高的动力是为了避免被其他树木遮挡。因此，一棵高大的树木很可能被其他高树环绕，这些邻近的树会起到一些挡风的作用。另一个原因是，随着树木在地面上越长越大，它们似乎对根系的投入就越多。因此，树木越大，树根就固定得越稳固。即使不是连根拔起，折断的可能性也不大。

^ 人们很容易忽略的一点是，树木有一半的体积可能都在地下，是看不到的。像这棵印度榕树（*Ficus benghalensis*），一开始就生长在另一棵树的高处，所以它惊人的根部大部分都在地上，是可以看到的。

水的重要性

我们知道，树顶叶片进行的光合作用需要水、二氧化碳和阳光。由于较高的树不太可能受到旁边树木的遮挡，它们能够接收更多阳光，但同时也面临着更大的挑战，要将水从根部输送至树叶需要的地方。

水分输送与树木高度

令人惊讶的是，大多数科学家的普遍共识是，向叶片输送水分的需求是限制树木高度的最终因素。光合作用的一个必然结果就是叶片水分的流失。植物的叶片上有叫作气孔的开口，它们通过这个开口吸收二氧化碳，但不可避免的是，水分也会从这些开口中流失。树木从根部吸收土壤中的水分，并将其输送到树上，从而替代流失掉的水分。

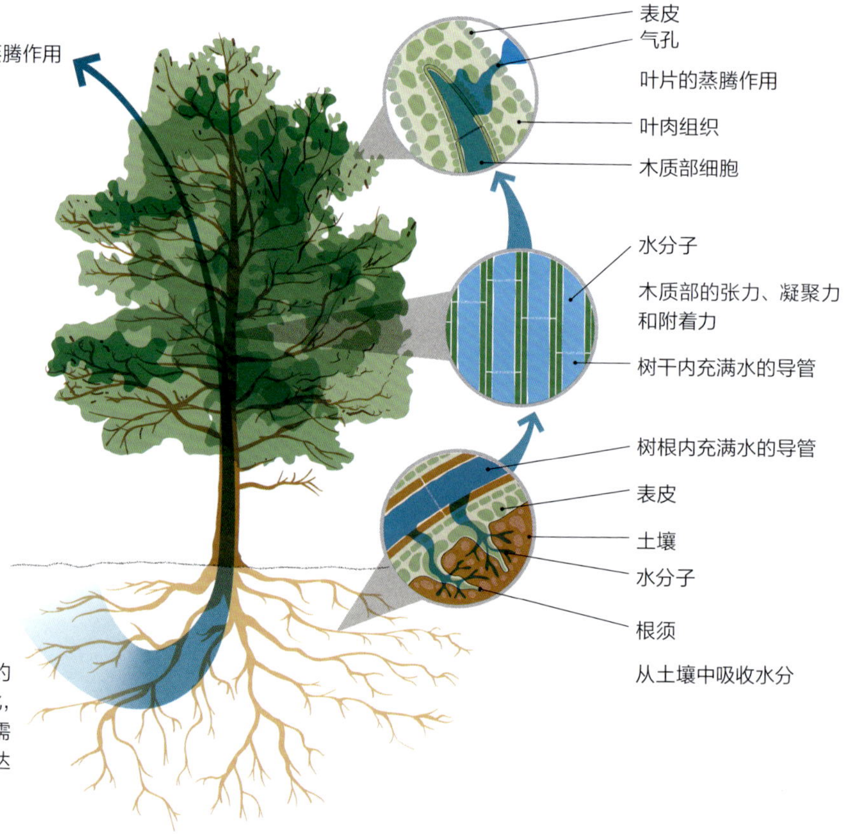

> 木质部的水流速度约为每小时1米。因此，根部吸收的水可能需要几天时间才能到达最高处的树叶。

‹ 在这个人工着色的茎的横截面上，木质部的圆形管道清晰可见。

输送管道

植物的水分输送结构称为木质部，它就像一组狭长的管道，从根部一直向上通向叶片，并且这些管道中充满了水。当叶片的水分流失时，往往会从木质部吸取水分以补充流失的部分。

水的聚合力让水分子紧密结合在一起。这意味着，当一些水分子流出叶片时，往往会把旁边的水分子拖向气孔，以此来取代它们。

这个过程必然会导致植物内部的连锁反应，将水从根部沿着木质部上拉到叶片。水从周围的土壤扩散至根部，以将整个木质部充满。整个过程被称为蒸腾作用，它解释了为什么所有植物都需要水。事实上，植物需要大量的水。一棵中等大小的树木一年可能需要消耗约5万升的水。因此，一排20棵这样的树木所消耗的水足以填满一个奥运会标准的游泳池。

反向力

不难看出，随着树木高度的增加，用这种方式输送水分会变得更加困难。蒸腾作用的拉力必须更大，才能克服重力将水提到更高处。同时，还要克服摩擦力，要通过越来越长的管道把水拉上来。根据科学家的计算，当树的高度超过120~130米时，这棵树就几乎不可能输送足够的水来满足其需求。由此，我们可以期望在

（至少有些时候）湿度较高的地方发现最高的树木，这有助于树木的生长。当空气潮湿时，叶片流失的水分较少。如果树木缺水，那么水分可以从潮湿的空气进入叶片，从而补充从根部输送上来的水分。现在看来，许多巨大的树木在加利福尼亚被发现就不那么令人惊讶了，因为那里经常有海洋雾气，有时会持续数周之久。

虽然已经发现了许多巨树化石，但是似乎没有一棵树比现存最大的树更大。实际上，如果我们能发现任何高于150米的树木，那么这才是令人惊讶的。这样的巨树需要一个空气中水分超饱和的环境。

站在巨人的肩膀上

虽然绝大多数植物通过根部从土壤吸收水分，但也有一些植物从大气中获取所有的水分。这类植物统称为附生植物，其特点在于它们生长在植物上而不是土壤中。想象一下，热带雨林中有一株植物长在了一棵树最顶端的树枝上。与扎根于土壤的植物相比，这种附生植物可能会接受更多的光照。不过，与树木不同的是，附生植物在树冠上旺盛生长，它们无须长出巨大的树干，而是有效利用了它们所依附的树干。虽然附生植物可以从树木的高度中获益，而无须为庞大的树木结构付出成本，但它们必须找到土壤之外的替代水源。因此，这些附生植物几乎只能在空气湿润的环境中生长。

∧ 一种附生植物可以为另一种植物的种子提供栖息地。因此，在一棵寄主树上可以建立起不同类型的微型森林。

神奇的种子

植物比动物拥有更简单的结构，主要由根、芽、叶以及在特定时期出现的生殖部分组成。但不知为何，植物世界能从这个非常基本的模板中创造出看似无穷无尽的变化。在此，我们将从种子开始，研究植物的各个部分，并看看为什么有些部分特别大。

< 海椰子（*Lodoicea maldivica*）
种子质量：17 千克。
传统上，人们将海椰子的种子挖空后用作碗。但如今，该物种非常罕见且受到严格保护。

小种子和大种子

像海岸红杉这样的参天大树需要数千年才能长成，但它们最初的种子并不比一粒典型的向日葵种子大多少。从进化角度看，植物与动物没有什么不同，植物的成功取决于它们能够繁殖的后代数量，并且这些后代能够存活下来再繁育它们的后代。种子越小，植物繁衍所需的能量越少，因此它们能产下的种子（以及潜在的后代）的数量越多。这说明了为什么种子通常都非常小。然而，不同物种的种子大小差异很大，想想鳄梨核和苹果籽之间的区别就能有所了解。如果这些较大的种子更有可能长成繁殖后代的植物，那么有些物种也许会选择产下少量较大的种子。

^ 塞舌尔的普拉兰岛玛依谷地自然保护区已经成熟的海椰子树。很明显，当附近成熟树木已经在竞相争夺光照、水和养分时，海椰子树需要大种子来帮助它们在相对贫瘠的土地上生长至成熟。

与小种子相比，大种子含有更大的能量储备，这有助于植物在初级阶段的生长。依靠这些能量储备，植物能够迅速长出大叶子和强壮的根系。直到这些结构完全发育成熟，植物就能从太阳光中吸收能量并从土壤中吸收养分。因此，种子储存的能量越多，新植物的生长期就越长，在必须自给自足前它就能生长得越大。

由此可见，在土壤贫瘠的环境中，大种子可能特别有吸引力。幼苗必须先长出大根，才能获取所需的养分。如果幼苗在其他植物茂密的树荫下生长，那么为了争取光照，它还需要长高并长出大叶。

^ 椰子往往会被冲到海滩上。而沙子中的营养含量很低，无法满足椰子树最初的生长需求。因此，需要从果实中吸收营养物质，从而帮助幼苗度过最初的发芽阶段。

海椰子树与椰子树

上述原因可以很好地解释为什么海椰子拥有最大的种子，这种棕榈树只能在塞舌尔的两个小岛上找到。海椰子树生长在风化花岗岩构成的多岩石的、营养贫瘠的土壤中，树丛茂密，几乎是岛上唯一的植物。由于成熟的海椰子树可以长到30米高，其扇形树叶长10米，宽4米，因此幼苗必须长到非常高并长出大量树叶，才能吸取足够的阳光来实现自给自足。这就是为什么海椰子树的种子可以重达17千克，大约相当于五个新生婴儿的体重。

有些人把椰子树（*Cocos nucifera*）

的果实误认为是一个巨大的种子，但真正的种子就在硬壳上的三个凹陷处下方。椰子在热带和亚热带地区很常见，它们容易漂浮，而且由于外壳坚硬，可以在咸水中存活数月或数年而不受影响。然而，椰子的广泛分布可能也要归功于人类。长期以来，水手们一直认为椰子是长途旅行中储备食物和水的理想选择。椰子不容易腐烂，如果不小心被冲下船，那么椰子会漂浮在水面上，很容易被打捞回来。而且，椰子既含有丰富的营养，又含有解渴的液体。因此，热带和亚热带地区的许多早期水手们很可能在旅途中携带椰子。他们可能特意在一些地方种植了椰子，但有些椰子也会在波涛汹涌的大海中被冲下船，椰子漂得太远，水手们没有把它们打捞回来，这些椰子就在它们靠岸的新海岸线上生根发芽。

∨ 椰子树（*Cocos nucifera*）
果实质量：约 1.5 千克。
椰子果实可以在海上漂浮数月。有记录显示，即使椰子果实在海水中漂浮了 110 天，果实内的种子仍能发芽。

美味的果实

果实的主要功能之一是提供美味的食物，引诱动物食用，并在不经意间散播果实中的种子。我们可以预见，植物会长出尽可能大的果实，较大的果实将会吸引更多、更大的潜在种子散播者。

＜ 波罗蜜（*Artocarpus heterophyllus*）
果实质量：约 35 千克。
波罗蜜长期以来一直是印度农业的重要作物。有证据表明，波罗蜜的种植历史可追溯至 3000 年前。

落在适当的位置

塞舌尔的花岗岩岛屿（与马达加斯加岛相连）是世界上最古老的岛屿之一，大约在恐龙灭绝时从印度分离出来。在这样的小岛上，动植物种群很容易灭绝，尤其是在气候不断变化的情况下，而塞舌尔正是如此。因此，在人类到来之前，这些岛屿上的树种可能很少，这说明了为什么海椰子在其生长的地方完全占据了主导地位。当像海椰子一样的大种子的果实掉落时，它可能会弹跳和滚动一下，但一般来说，它会停在母亲树的底部附近，种子就在这里发芽。由此，我们可以理解为什么海椰子树林如此茂密。

＜ 波罗蜜摔落到地上很容易裂开，同时会散发独特的气味。这种气味吸引小型哺乳动物前来食用其甜美的果肉，顺便吃掉种子再将种子散播出去。

在这种不寻常的情况下，母亲树的最佳策略不是繁衍大量的后代，而是产下少量的种子，并存储足够多的食物，让种子比邻近树木的后代生长得更旺盛。在这方面，海椰子的繁殖策略与人类相似，人类也会为少量的后代投入大量的成本。相比之下，大多数植物采用了相反的方法，它们产下众多小种子并将其撒播在各处。希望至少有些种子会落在适合幼苗茁壮成长的理想之处。然而，在小岛上，这种撒种方式不具优势。在那里，随风传播的种子会被吹入海中，而且很少有动物可以充当种子传播者。

巨型波罗蜜与南瓜

海椰子的果实重达30千克，但令人惊讶的是，这并不是最大的果实。波罗蜜（*Artocarpus heterophyllus*）是桑科（*Moraceae*）的一个树种。成熟的波罗蜜可以同时结出100颗果实，每颗重达35千克。波罗蜜广泛生长在亚洲各地，其果实被用于亚洲风味的许多菜肴中。

在野外，波罗蜜果实掉落下来就会裂开，露出分布在果肉各处的小种子，这些种子很容易被各种哺乳动物和鸟类吃掉。由于种子较小，有些会在无意间被食果动物吞下。随后食果动物会在离母亲树一定距离的地方完整将种子排出，从而实现了种子的传播。

南瓜（*Cucurbita* sp.）
果实质量：约 795 千克。
南瓜是最大的竞技类栽培蔬菜。在美国的一次比赛中，参赛作品被放在商用叉车的运输托盘上等待称重。

人类种植结果的植物已有数千年的历史，因此，许多栽培果比它们的野生近亲更大。最极端的例子就是南瓜，南瓜是一种南瓜属栽培品种。特别是在美国，种植者们竞相在节日上展示最大的南瓜。获胜南瓜的质量往往超过590千克，有些甚至超过795千克。

吸引动物

果实的主要功能是吸引动物来散播里面的种子。我们已经讨论过为什么有些植物的种子很大，如果植物想让动物散播这些种子，那么只有大型动物才能胜任这项任务。如果一只小猴子发现了一颗草莓，那么它会开心地将草莓连同种子一起吞下。但如果它发现了一颗鳄梨，那么它就会啃食软软的果肉，并把种子留下。因此，这种小猴子无法作为鳄梨植物的种子传播者，而是需要大型食草动物来吃下鳄梨的大果实。就鳄梨而言，这有点令人费解，因为目前南美洲（鳄梨的原产地）没有足够大型的动物能够帮助散播种子。所以，鳄梨的果实和种子为什么如此之大呢？可能的原因是，直到几千年前，南美洲还生活着巨型大地懒，它们的庞大体形足以吃掉鳄梨的果实。大地懒现在已经灭绝了，但是依靠大地懒传播种子的鳄梨植物却成功存活了下来，尽管鳄梨仍在结出的果实已经无法播种出去。这可能是因为有非常多的替代机制来传播种子，比如山崩或山洪。与大地懒一样，在过去的5万年中，许多其他大型动物也相继灭绝。世界各地有很多植物和动物共同进化的例子，只是后来动物灭绝了，这种现象被称为“进化不合时宜”。

< 大地懒曾广泛分布于南美洲。有几个树种似乎进化出了巨大的果实，以方便这些巨型哺乳动物食用，进而传播种子。

奇异的花朵和繁茂的叶子

花朵是植物吸引传粉昆虫的广告，因此我们可以想象植物的花朵会开到尽可能的大。然而，开出大花朵需要耗费更多的能量和资源，所以植物不得不做出权衡，是将投入的成本用于花还是用于其他地方（比如根和叶）。

‹ 大王花（*Rafflesia arnoldii*）
花径：1米。
大王花会产生一种异常强烈的气味，非常像腐烂的肉。这种气味会吸引苍蝇把花粉从一朵花传播到另一朵花。

假扮尸体

花朵的作用通常是吸引传粉昆虫，并通过提供花蜜或花粉给传粉昆虫作为回报。拥有更大的花朵有助于吸引更多传粉昆虫的注意。然而，最大的花朵并不是在声明它们可以提供食物，而是通过欺骗昆虫而非奖励昆虫来实现授粉。有些昆虫喜欢在动物尸体上产卵，这样幼虫孵化后就可以食用尸体的肉。一些花朵利用这一点，假扮成动物的尸体来引诱这些昆虫。昆虫在意识到受骗之前身体会沾上花粉，或者如果昆虫最近被相同物种的另一株植物愚弄，就会放下花粉。花朵的“尸体拟态”行为进化了好几次，已经非常令人信服。这些花可能闻起来像腐烂的肉，它们的颜色和质地也像动物，有些甚至还像毛发一样毛茸茸的。

^ 巨魔芋（*Amorphophallus titanium*）
花序高：3米。
巨魔芋能够开出最大的无分枝花序（花簇）。和大王花一样，巨魔芋也会产生一种特别浓烈的腐肉味，以吸引昆虫。

全面绽放

两种能开出最大花朵的植物会使用腐肉模拟的把戏。一种是大王花（*Rafflesia arnoldii*），其花朵直径可达1米；另一种是巨魔芋（*Amorphophallus titanium*），其单朵花的高度超过3米。这两种植物生长在印度尼西亚的热带雨林中，两者都有浓烈的腐肉味。它们的花朵之所以这么大，部分原因可能在于部分拟态行为需要产生热量，就像腐烂的肉一样。我们知道，体形大有助于保温（见第一章中关于表面积与体积比的讨论），因此一朵较大的花很容易比周围的枝叶更温暖。科学家发现，许多昆虫在动物尸体上产卵时会选择体形较大的动物，可能因为较大的尸体保温时间更长，可以为发育中的幼虫提供了更多的食物来源。在光线昏暗的雨林中，大型花朵也比所有其他植物更显眼。

要开出如此硕大的花朵，植物需要投入相当大的成本。巨魔芋必须生长7到10年才能开出一朵花，而且这朵花最多只能维持几天。我们对大王花的生长状况了解得很少，大王花不是一种传统的植物，没有叶、茎，甚至没有根。大王花寄生在一种特定的藤本植物中，由几股丝状物构成，完全嵌入藤蔓中，并从宿主那里吸收养分。你可能从宿主藤蔓植物旁经过，却不知道大王花就寄生在那里。除非大王花碰巧开花了，而花朵是该植物唯一能见到阳光的部分。

巨型叶片

对于植物来说，叶片越大意味着光合作用越强，但生长和维护叶片的成本很高。一般来说，棕榈树的叶子都很大，其中拥有最大叶片的可能是热带非洲棕榈（*Raphia farinifera*），其羽状复叶可以长达25米。

发育成熟的棕榈树叶片非常大，经常被用来建造牲畜围栏和茅草屋顶。未成熟的棕榈树叶片的表层纤维可以剥下来制成纤维，这种材料用于制造各种手工艺品。

当谈到单片大叶子时，冠军明显是亚马孙王莲，其莲叶的直径为3米。如图所示，这些叶片非常结实，能够承受一个人的质量。自维多利亚时代起，亚马孙王莲就在欧洲很受欢迎，人们常在加热的玻璃温室中栽培这种植物。

∨ 亚马孙王莲（*Victoria amazonica*）
叶的直径：3 米。
在中国的一家植物园里，一片亚马孙王莲的漂浮叶可以轻松托住两个人。不过，我猜两位的总体重要比我轻多了。

海洋的制约因素

在结束本章之前，我们应当思考一个问题：为什么全球的海洋中几乎没有巨型植物？乍看之下，这似乎是个奇怪的问题，我们已经习惯了植物是生长在陆地而不是海洋的想法。但我们是如何理解这种现象的呢？

在海洋中和在陆地上一样，生物在进行光合作用时获取太阳能来制造养分，然后动物吃掉它们或者互相吃掉。然而，在海洋中，进行光合作用的不是植物而是浮游植物。这些浮游植物包括许许多多的有机体，其中大多数与海岸红杉相反，它们太小了，肉眼无法看到。

深不可及

海洋中没有大型光合植物，因为水能比空气更有效地吸收光线。因此，在100米以下的深海，光线太暗，无法进行光合作用。植物种子储存了足够的能量，能够让茎穿过几厘米深的土壤向上生长，从而接触到阳光。但在海面下几百米甚至数千米的海底，没有种子能够储存足够的能量让幼苗向上生长至可以吸收阳光能量的区域。

这就是为什么我们通常在离海岸很近的岩石上看到海藻，它们实际上是进行光合作用的藻类，而不是真正的植物。岸边的水要浅得多，即使是新生的海

‹ 巨藻（*Macrocystis pyrifera*）
长：约 50 米。
巨藻不仅是最大的海藻，也是生长最快的生物之一，它们可以在一天内生长 60 厘米。巨藻通常生长在茂密的“森林”中。这些“森林”可以为海洋物种提供藏身之地以躲避捕食者，或者只是提供一个可以聚集的地方。因此，巨藻往往生长在海洋生物多样性的热点区域。

藻也能获取足够的阳光来生长。尽管如此，有些海藻可以是非常巨大的。巨藻（*Macrocystis pyrifera*）通常被描述为是最大的藻类，它们可以长到超过50米长，生长速度高达每天60厘米。它们可以形成茂密的水下森林，在往往是一成不变的海洋中为小鱼提供藏身之处。但这些水下森林也紧挨海岸，更深处的海水会使巨藻无法存活。

自由漂浮

^ 浮游植物可以生长得如此茂密，它们甚至将海的颜色变成了艳绿色。科学家只需通过分析卫星照片来观察海面的颜色，就能测算出广阔水域中浮游植物的浓度。

海藻是否真的需要固定在海底？是否存在巨型的可自由漂浮的能够进行光合作用的生物？毕竟，海藻不像大多数植物那样有根系，它们只有一个固着器将自己固定在岩石上。但固着器并不提供水和养分，而是需要从周围的海水中吸取。事实上，有两种海藻是完全可以自由浮动的，分别是漂浮马尾藻（*Sargassum natans*）和漂流马尾藻（*S. fluitans*）。从它们的名字就可看出为什么这种生活方式如此罕见，它们都生活在马尾藻海。这是一个位于大西洋上的水域，因其近乎持续的平静而闻名。早期的水手们不得不避开马尾藻海，这里没有风或洋流，实际上会将水手们困于此地。由于这些条件，马尾藻海有个所谓的“北大西洋垃圾带”，漂浮着大量的人造垃圾。但这里也是自由漂浮海藻的家园，海藻可以在这里繁衍生息很多年，直到它们完成生命周期。

在世界上的其他水域，自由漂浮的海藻会被洋流带着穿越温度、盐度、营养含量和溶解气体差异很大的水域。因此，适应了某种环境的海藻很快就会发现自己从舒适区被带至完全不适合的水域。

浮游植物也会被洋流带走，但这些微小的生物可以在几天甚至几小时内快速繁殖。因此，在这些浮游植物被带至无法繁殖的环境之前，它们就能完成生命周期并繁衍后代。有些后代会在某些方面与它们有微妙的差异，这让后代能够在新水域中繁衍生息。因此，微小的浮游植物能够在海洋中旺盛生长，而大型光合植物则非常稀少。

最后的思考

纵观全书，许多不同谱系的植物和动物都进化出了巨大的体形，其雄伟和力量激发了人类无尽的遐想。

然而，我们应该谨记：这些巨人只是例外，虽然令人惊叹，但仍是例外。我们周围的大多数生物都以较小的体形繁衍生息。

更值得深思的是：是什么让人类与众不同？人类主宰着地球，无论是现存的生物还是已灭绝的生物都无法与人类相比，但人类却并不是自然界真正的巨人。

大多数生物都是小体形

在撰写本书时，我非常享受于阅读和思考这些巨人。但巨人是个例外，大多数生物的体形都很小。科学家曾试图估算地球上的生物总量，然后将其划分为不同的组别。他们用“千兆吨碳”（Gt-C）来描述这些庞大的质量。所有生物体中都含有“碳”这种化学元素，而“千兆吨”等于10亿吨。通过一些复杂的计算得出，植物的生物量是4500亿吨碳，动物的生物量只有20亿吨碳，可见植物完全高于动物。即使微小的细菌的生物量也有700亿吨碳，它们也超过了动物。进一步观察动物群体，其中节肢动物（主要是昆虫）的生物量为10亿吨碳，占了整个动物群体生物量的一半。相比之下，野生哺乳动物的生物量只有0.07亿吨碳，很是微不足道。

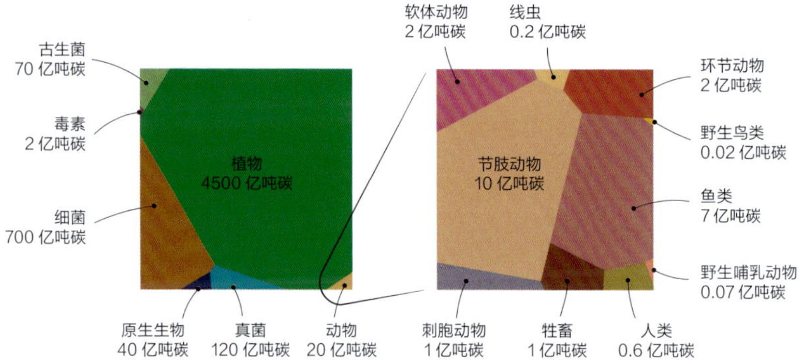

〈 科学家伊农·巴昂（Yinon Bar-On）、罗勃·菲利普斯（Rob Phillips）和罗恩·米洛（Ron Milo）估算了地球上的生物总量，并将其分成了不同的生物群体。

^ 虎鲸组成紧密的社会群体。作为掠食者，协同攻击往往是它们捕食成功的关键。

^ 一只蚂蚁无法跨过这两根植物茎之间的距离，但许多蚂蚁共同协作，就能用各自的身体在两根茎之间架起一座桥。

如果我们聚焦于野生哺乳动物，那么它们中三分之二的物种是啮齿动物和蝙蝠。这就证明了：即使在哺乳动物的谱系中有体形巨大的蓝鲸和非洲草原象，小体形才是普遍规律。

为什么“小”如此美丽？

小体形动物占主导地位的一个原因是，同样数量的资源可以养活更多的小动物，比如老鼠，而不是鹿。此外，体形较小的动物一般有较大的种群规模，繁殖速度也更快，这可能是它们不易灭绝的原因。在过去的5万年中，人类已经迫使许多物种濒临灭绝，而且这一过程正在加速。体形较大的物种受影响最大，部分原因是它们更容易受到伤害，正如我们刚才所解释的。然而，事实上，体形较大的动物会成为优先捕猎目标，它们在争夺食物方面是有力的竞争对手，它们本身就是一顿丰盛的美餐，或者它们被视作会对人类或其他牲畜的威胁。

小体形动物数量更多的最后一个原因是，它们往往处于食物链中较低的位置，因此有更多的食物可供选择（见第一章）。此外，小体形让这些动物能够更有效地将环境整合到不同的生态位中。如果你想到一片草地，那么你可以想象出鹿在那里生存的一两种方式。也许体形较小的鹿会优先食用新芽，而体形较大的鹿则会食用更坚韧的植物。但是，你还可以想象更多的生存方式。鹿与啮齿动物共同生活在这片草地上，有些吃不同的植物，有些吃昆虫，有些两类都吃，有的白天活动，有的晚上活动，有的栖身在空旷露天处，有的则紧靠植被，有的钻进洞穴，有的不会，等等。一般来说，体形较小的物种比体形较大的物种更容易共存。

更有组织性

巨大的体形带来极大的力量，但获取力量的另一个途径是团队合作。现在，人类主宰地球正是通过团队合作、社会组织和文化实现的。同样，虽然虎鲸不是最大的掠食性鲸类，但却是最令人恐惧的海洋猎手，虎鲸通过团队合作可以捕获更大型的动物。蚂蚁虽微小，但除了人类，蚂蚁可能是当今地球上最成功的动物，它们占所有动物生物量的20%。和人类一样，蚂蚁是团队合作的典范，它们建立共同栖居的巢穴，并且能够通过合作找到更多的食物。尽管蚂蚁的大脑很小，它们仍能做到这些。因此，要取得成功，不一定要体形庞大，也不一定要很聪明，但如果你善于社交，那么确实有很大帮助。

这一切或许蕴含着给人类的启示。人类或许现在主宰着地球，但这并不是以可持续的方式。人类要取得真正成功的唯一方法就是提升我们的社会性，共同创造一个更加公平、和谐和可持续的未来。我们只能寄希望于此。